商店叢書⑫

如何撰寫連鎖業營運手冊（增訂三版）

黃憲仁　吳宇軒　任賢旺　編著

憲業企管顧問有限公司　　發行

《如何撰寫連鎖業營運手冊》 增訂三版

序　言

　　企業要擴大經營，要借力使力，最方便、最有效的方法，就是實施特許連鎖經營手法。本書就是針對企業界在連鎖經營時，要撰寫《連鎖業營運手冊》，最感困惑的焦點問題，那就是《連鎖業營運手冊》的編制與執行，這也是本書的編輯目的。

　　並不是所有的企業都能夠進行特許連鎖經營；開創特許連鎖經營事業是非常艱難的，而管理一套特許連鎖經營系統，遠比管理一家企業更為複雜得多。

　　一家企業要進行特許經營，都是先創辦直營店，在直營店取得成功基礎，總結經驗，再發展特許經營系統。

　　特許人在開展特許經營體系建設之前，必須編寫出自己的特許連鎖經營手冊，特許經營手冊對於特許連鎖經營體系來說至關重要，是體系運營的主要依據和重要保證。

　　為了對讀者有真正的指導作用，本書吸收肯德基、星巴克、麥當勞、小肥羊、沃爾瑪、7-11 便利店、永和便利店……各個成功連鎖企業的營運技巧，並提供了大量編制連鎖營運手冊的範本；公開呈現

特許連鎖經營手冊範本，是相當寶貴的連鎖業經營操作內部資料。

　　本書的出版，是針對連鎖經營行業對於如何編制《連鎖業營運手冊》的迫切需求，這本書內容所列的問題，都是從事連鎖經營多年來所碰到關於連鎖營運手冊的常見問題，都有詳盡、明確的回答，2004 年出版，內容深獲好評，2008 年 1 月再版，2011 年 6 月推出更新 2 版，2017 年 5 月內容更新增訂第三版，更增加黃憲仁、任賢旺兩位作者，具有豐富的連鎖業實戰經驗，增添各種案例與執行步驟，具體實務，內容更符合連鎖業需求，希望本書對你有所幫助！

　　本書若與《連鎖業操作手冊(增訂五版)》、《店長操作手冊(增訂六版)》，相互研讀，效果更明顯。

2017 年 5 月增訂三版　台灣日月潭

《如何撰寫連鎖業營運手冊》增訂三版

目　錄

第一章　編寫標準化營運手冊的目的 / 8

1　制定營運手冊（know-how book）的必要性 ⋯⋯⋯8

2　標準化營運手冊體現在細節 ⋯⋯⋯⋯⋯⋯⋯⋯⋯11

3　制定標準化的流程體系 ⋯⋯⋯⋯⋯⋯⋯⋯⋯⋯⋯16

4　每一項工作指標實行量化管理 ⋯⋯⋯⋯⋯⋯⋯⋯18

5　連鎖經營的運營模式 ⋯⋯⋯⋯⋯⋯⋯⋯⋯⋯⋯⋯22

6　總部在特許連鎖經營中扮演的角色 ⋯⋯⋯⋯⋯⋯25

7　特許連鎖經營的基本原則 ⋯⋯⋯⋯⋯⋯⋯⋯⋯⋯27

8　特許連鎖經營要實現統一 ⋯⋯⋯⋯⋯⋯⋯⋯⋯⋯40

9　營運手冊的編寫原則 ⋯⋯⋯⋯⋯⋯⋯⋯⋯⋯⋯⋯47

10　（案例）中華麵點王連鎖店 ⋯⋯⋯⋯⋯⋯⋯⋯⋯52

第二章　如何撰寫連鎖業營運手冊 / 54

1　手冊的類別 ⋯⋯⋯⋯⋯⋯⋯⋯⋯⋯⋯⋯⋯⋯⋯⋯54

2　手冊要在招募加盟商之前編妥 ⋯⋯⋯⋯⋯⋯⋯⋯57

3　手冊的編寫順序 ⋯⋯⋯⋯⋯⋯⋯⋯⋯⋯⋯⋯⋯⋯62

4　特許營運手冊的編寫計劃 ⋯⋯⋯⋯⋯⋯⋯⋯⋯⋯64

5　手冊的編寫流程 ⋯⋯⋯⋯⋯⋯⋯⋯⋯⋯⋯⋯⋯⋯69

6　營運手冊編寫完成的時間 ⋯⋯⋯⋯⋯⋯⋯⋯⋯⋯72

7　由誰來編寫營運手冊 ⋯⋯⋯⋯⋯⋯⋯⋯⋯⋯⋯⋯75

8　手冊編寫人應具備的基本素質 ──────── 78

9　編寫手冊應到現場去 ───────────── 79

10　編寫手冊時要經常討論 ──────────── 81

11　由誰來修正手冊內容 ───────────── 83

12　手冊數量的確定 ─────────────── 86

13　手冊最適宜的字數 ───────────── 87

14　處理手冊內容的重覆問題 ─────────── 88

15　那本手冊最重要 ─────────────── 89

16　手冊細化到什麼程度 ──────────── 90

17　營運手冊的編寫過程應控制 ───────── 91

18　特許經營手冊的版本編碼 ─────────── 93

19　特許經營手冊的保存和保密 ───────── 95

20　對加盟商的培訓 ─────────────── 96

21　要給加盟商的手冊種類 ──────────── 98

22　交給加盟商手冊的時機 ─────────── 100

23　加盟商的特許經營手冊，記得要收回 ──── 101

24　擁有營運手冊不代表一定會成功 ────── 102

25　是圖表居多，還是文字居多 ──────── 104

26　營運手冊外觀的設計 ──────────── 105

27　營運手冊要印刷多少數量 ────────── 106

28　手冊的排版和格式 ───────────── 108

29　營運手冊印製色彩的選擇 ────────── 115

30　編寫手冊需要的基本工具 ────────── 116

31　編寫前一定要參考企業內資料 ─────── 117

32　做內部訪談時的注意事項 ────────── 118

33 如何同步更新加盟商手中的手冊 ⋯⋯⋯⋯⋯ 121

34 如何控制手冊編寫的品質 ⋯⋯⋯⋯⋯⋯⋯ 122

35 店鋪運營手冊的修正 ⋯⋯⋯⋯⋯⋯⋯⋯⋯ 124

36 （案例）肯德基的特許加盟之路 ⋯⋯⋯⋯⋯ 125

第三章　加盟招募手冊的設計 / 127

1 加盟招募文件的設計 ⋯⋯⋯⋯⋯⋯⋯⋯⋯⋯ 127

2 招商手冊的效果 ⋯⋯⋯⋯⋯⋯⋯⋯⋯⋯⋯⋯ 131

3 加盟店招募部門的工作計劃 ⋯⋯⋯⋯⋯⋯⋯ 132

4 某鞋類企業的招商手冊 ⋯⋯⋯⋯⋯⋯⋯⋯⋯ 144

5 設定加盟條件 ⋯⋯⋯⋯⋯⋯⋯⋯⋯⋯⋯⋯⋯ 161

6 加盟申請表 ⋯⋯⋯⋯⋯⋯⋯⋯⋯⋯⋯⋯⋯⋯ 164

7 加盟手冊的加盟店投資回報分析 ⋯⋯⋯⋯⋯ 168

8 特許加盟意向書 ⋯⋯⋯⋯⋯⋯⋯⋯⋯⋯⋯⋯ 172

9 （案例）世界餐飲巨頭——麥當勞 ⋯⋯⋯⋯⋯ 174

第四章　加盟商營運手冊的內容 / 176

1 公司介紹手冊 ⋯⋯⋯⋯⋯⋯⋯⋯⋯⋯⋯⋯⋯ 176

2 單店開店手冊 ⋯⋯⋯⋯⋯⋯⋯⋯⋯⋯⋯⋯⋯ 177

3 單店運營手冊 ⋯⋯⋯⋯⋯⋯⋯⋯⋯⋯⋯⋯⋯ 187

4 單店店長手冊 ⋯⋯⋯⋯⋯⋯⋯⋯⋯⋯⋯⋯⋯ 193

5 單店店員手冊 ⋯⋯⋯⋯⋯⋯⋯⋯⋯⋯⋯⋯⋯ 196

6 單店技術手冊 ⋯⋯⋯⋯⋯⋯⋯⋯⋯⋯⋯⋯⋯ 200

7 單店制度彙編 ⋯⋯⋯⋯⋯⋯⋯⋯⋯⋯⋯⋯⋯ 200

8 單店常用表格 ⋯⋯⋯⋯⋯⋯⋯⋯⋯⋯⋯⋯⋯ 204

9 加盟指南 ·· 208

10 加盟常見問題與解答手冊 ································ 216

11 特許權要素及組合手冊 ·································· 219

12 分部運營手冊 ·· 222

13 (案例)「譚魚頭」火鍋連鎖店 ····················· 229

第五章　連鎖總部營運手冊的內容 ╱ 232

1 總部總則手冊 ·· 232

2 總部人力資源管理手冊 ·································· 233

3 總部行政管理手冊 ·· 234

4 總部組織職能手冊 ·· 234

5 總部財務管理手冊 ·· 237

6 總部商品管理手冊 ·· 238

7 總部產品知識手冊 ·· 241

8 總部招募管理手冊 ·· 241

9 總部營建管理手冊 ·· 242

10 總部銷售管理手冊 ·· 242

11 總部樣板店管理手冊 ····································· 243

12 總部物流管理手冊 ·· 243

13 總部資訊系統管理手冊 ·································· 244

14 總部培訓手冊 ·· 245

15 總部督導手冊 ·· 246

16 總部市場推廣管理手冊 ·································· 253

17 總部 CI 及品牌管理手冊 ······························ 253

18 總部產品設計管理手冊 ·································· 254

19　總部產品生產管理手冊 ──────────── 254

20　CIS 的構成要素 ───────────────── 255

21　MI 理念識別手冊 ──────────────── 258

22　BI 行為識別手冊 ──────────────── 259

23　VI 視覺識別手冊 ──────────────── 260

24　SI 店面識別手冊 ──────────────── 264

25　AI 聲音識別手冊 ──────────────── 266

26　BPI 工作流程識別手冊 ───────────── 269

27　(案例)譚木匠的連鎖成功之路 ──────── 270

28　(案例)全聚德烤鴨店的 CI 經營策略 ───── 275

第六章　連鎖業營運手冊範例 ／ 279

　　1　門店衛生管理手冊 ──────────────── 279

　　2　門店理貨工作手冊 ──────────────── 287

　　3　門店商品管理手冊 ──────────────── 293

　　4　門店收銀工作手冊 ──────────────── 297

　　5　門店顧客服務手冊 ──────────────── 302

　　6　門店防損工作手冊 ──────────────── 307

　　7　開店管理手冊 ──────────────────── 313

　　8　督導操作手冊 ──────────────────── 316

　　9　門店財務管理手冊 ──────────────── 320

　　10　門店安全管理手冊 ──────────────── 325

　　11　門店設備維護與保養手冊 ───────────── 333

　　12　(案例)便利店特許經營招募手冊 ──────── 342

第 一 章

編寫標準化營運手冊的目的

1 制定營運手冊（know-how book）的必要性

　　制定運營手冊是提高和統一管理水準的有效手段，有利於連鎖企業的科學管理，形成可以傳授的系統性知識，並形成一套專業化、規範化、標準化的實用技術，從而使企業的經營環節、經營過程、管理制度成為可繼承的技能，保證連鎖餐飲門店經營管理的連續性和一致性。運營手冊要詳細地規定店長和店員的作業內容和標準，使之操作起來簡便易行，同時又有規範作用，確保所有加盟門店不僅裝潢標誌相同，產品品質及服務水準也大體一致，不會因個別門店的低水準而砸了連鎖餐飲門店的牌子。

　　手冊是彙集特許經營企業需要經常查考的數據，隨時翻檢的工具書，是從事特許經營行業的人在進行特許經營行為時所需要的一種瞭解相關信息的材料。手冊中所寫的知識偏重於介紹基本情況和

提供基本材料，如各種事實、數據、圖表等。

　　手冊是特許經營基本數據數據的彙編，內容通常是簡明扼要地概述特許經營的基本知識及一些基本的公式、數據、規章、條例等。

　　手冊是特許人提供給受許人使用的用來規範受許人標準化營運管理的指導性文件。特許經營手冊是特許經營企業知識產權的有效載體，擔負著向受許人讓渡特許權、保證受許人順利開業及成功運作的重要任務。

　　手冊主要包括加盟指南、加盟手冊、信息披露、合約文件等；運營手冊主要包括操作手冊、培訓手冊、督導手冊、區域支援手冊、店長手冊、行銷手冊、廣告手冊、報告手冊等。手冊應突出特許本質，保證特許經營企業在「複製」過程中能夠合作與發展，共鑄雙贏。特許經營手冊具有以下重要的性質。

　　開展特許經營就要寫運營手冊，但真正寫得好的不多，發揮作用的更少。有些連鎖餐飲門店對自己的經營技術、經營訣竅、運作管理體系還缺乏理論上的提升及對實踐經驗的提煉，所以，即使有些餐飲門店本身效益不錯，卻拿不出一套操作性強的手冊來。在制定連鎖餐飲門店的運營手冊時，要注意以下幾點：

1. 內容要全面

　　為了提高各加盟店的經營管理水準，保證統一的品牌形象，餐飲門店制定的標準化運營手冊的內容要盡可能全面，涵蓋餐飲門店經營管理的各個方面。好的運營標準應該對餐飲門店經營模式的每個環節進行分解、定型、詳細描述和評估控制，並能被加盟店吸收和掌握。同時，餐飲公司總部還要有一套嚴格的制度來控制加盟店。

2. 標準要細化

　　籠統、空泛的運營手冊往往不具備可操作性和執行性，對各個

餐飲門店的運營管理起不到統一控制的目的，這樣的運營手冊形同虛設。所以，標準一定要具體、量化，儘量用數字來表示，這樣易於執行，也易於總部對執行情況進行控制。

3.要結合實踐

標準化運營手冊是餐飲門店的經營管理大綱，所以必須適用於餐飲門店的實際經營情況。餐飲公司總部在制定運營手冊時，要充分做好調研工作，瞭解各個區域餐飲門店的實際運營狀況，實事求是。此外，制定運營手冊的團隊中一定要有深入門店一線的實戰家，或者徵詢餐飲門店店長、區域專員、區域經理等人的意見。

4.動態編寫

手冊所記載或描述的相當一部份是特許人自己實踐經驗的積累和昇華，它們或者是專利性的技術，或者是先進的定價技巧，或者是高超的促銷手段，或者是科學的物流配送體系，或者是合理的顧客服務戰略，等等。餐飲門店是處在一個動盪和不斷變化的市場環境中，餐飲門店管理制度、策略等都不應脫離市場的變化，因而不能有一勞永逸的觀念。

所以，總部要不斷審視自己的運營標準和管理制度，根據外部環境和內部環境的變化適時做出調整，樹立變化觀念，編寫動態手冊。這裏的動態手冊有兩層意思：一是指手冊在某階段最終定稿前，其內容必須是最新的。也就是說，在某階段提交印發的手冊應該是截至該階段為止時的最新內容的反映。二是指某階段的系列手冊編印完畢後，應該由專人及時、不斷地更新維護手冊內容，使其不斷完善。

2 標準化營運手冊體現在細節

管理工作的細節是建立在管理細節固化的組織流程和制度之上的，而執行力的保障則也來自這樣的基礎。管理者貫徹企業計劃時，往往因為與之配套的制度不合理，產生了執行後拖影響，以致結果和計劃相差甚遠。

符合實際管理工作需要的制度和流程的制定，是管理者執行能力是否發揮得好的基本。完整的管理體系和簡單高效的管理流程就能使管理者發揮其在管理中的執行力。

麥當勞公司作為標準化管理的典範，給了我們很好的參照。全世界十大餐飲集團都在美國，第一就是麥當勞。麥當勞有50多年的歷史了，50多年的時間創造了一個奇蹟，在其中的30年中銷售額實現了一億倍的複製。到目前為止，它在120多個國家有33000多家分店，實現擴張，不管是印度還是中國、越南都有它的足跡。

它在世界上擴張的速度非常快，巔峰時期就是每隔三個小時就有一家連鎖店誕生，就像影印機一樣，一按就多出來一家連鎖店。

麥當勞所有的分店中，本身自己開的店只有9000家，剩下的都是加盟店和合資店。加盟店是用人家的錢來擴張自己的版圖，企業做到一定的程度就是賣標準管理系統，這個東西是最能帶來附加值的。

麥當勞的標準也不是永不變動的，它對於標準化的追求一刻也沒有停止過。例如，麥當勞曾經饒有趣味地做過一個有趣的試驗。

它選取了位於同一街道上的市場環境類似的兩個分店，一個作為試驗組，一個作為自然組。在試驗組的樣本店裏，它要求店員積極向顧客進行一句話推薦：「您好，我們現在做活動，現在新推出的漢堡雞腿套餐只需要 80 元，給您來一份吧？」、「您好，您這份套餐只要加一元錢，就可以將可樂換為咖啡，您想嘗試一下嗎？」……與之相對應的是，在同一時間自然組的樣本店裏，店員依然像往常一樣，維持著自然銷售。

一段時間過後，麥當勞驚奇地發現，試驗組銷售額比自然組銷售額超出了 47%。麥當勞一時又喜又驚，它為了證實效果精準起見，又選取了兩家店來進行試驗，試驗所得的數據與這個結果仍然一致：向顧客積極進行一句話推薦的效果，比自然銷售幾乎要多出一半的銷售額！而這一半的銷售額，僅僅只是改善一個小細節而得到的。

於是，麥當勞將這個細節寫入了總店和分店操作手冊中，每一個在漢堡大學進修的老闆，在一個月的時間裏，都會被灌輸類似的諸多細節。但麥當勞並沒有將之僅僅作為細節，更是將之視作為一種管理，甚或一種公司文化。麥當勞有一句備受人稱道的名言：「管理無細節。」在它看來，細節是一個科學的經得起考驗的規範化制度化的過程。

有了這些標準，麥當勞無論開到那裏，就都有了參考的標準，使麥當勞開到那裏，都可以迅速紅火起來。

河南紅高粱速食連鎖有限公司董事長喬贏，當初從在鄭州建第一家不足 100 平方米的「紅高粱」速食店起，就宣稱「2000 年要在全世界開連鎖店 2 萬家」，挑戰麥當勞。喬贏先生也許以為速食店行銷只是明亮店堂、速食桌椅、收銀機收款這些可見到的經營手法；

只是品牌連鎖經營的模式；只是品牌的知名度和社會關注度。當 1996 年 5 月，紅高粱分店在北京王府井大街離「麥當勞」不遠處開張時，出現了「挑戰麥當勞」和叫板「漢堡」的爆炸性新聞，當時的喬贏並不知道真正的挑戰在於細節。所以在「紅高粱」一夜之間名聲大噪，從早到晚都賓客滿座，申請加盟「紅高粱」的投資者擠破門檻時，喬贏根本就沒想到「紅高粱」會迅速倒塌。可惜「紅高粱」支撐了不到短短 5 個年頭就走向了毀滅。

真正的魔鬼藏於細節之中，而挑戰細節也成為「紅高粱」無法跨越的天塹。速食專家們事後分析，「紅高粱」的主打產品——燴麵，就是麵加水，它不是一種可以輕易帶出店的產品，「紅高粱」也沒有做出這樣的產品包裝。燴麵的熱湯 98℃ 不僅燙嘴，而且食客在 20 分鐘內根本無法順利吃完。至於產品的原料、產品生產流程和品質控制、服務標準，「紅高粱」也都沒有嚴格的規範。

麥當勞的真正優勢就在於其產品背後的一套嚴格的管理制度。麥當勞在進貨、製作、服務等所有環節中，每一個環節都有著嚴格的品質標準，並有著一套嚴格的規範保證這些標準得到一絲不苟的執行，包括配送系統的效率與品質、每種佐料搭配的精確（而不是大概）分量、切青菜與肉菜的先後順序與刀刃粗細（而不是隨心所欲）、烹煮時間的分秒限定（而不是任意更改）、清潔衛生的具體打掃流程與品質評價量化，以至於點菜、換菜、結賬、送客、遇到不同問題的規範用語、每日各環節差錯檢討與評估等等上百道工序都有嚴格的規定。例如，麥當勞的作業手冊有 560 頁，其中對如何烤一個牛肉餅就寫了 20 多頁。

麥當勞店的服務也充分滿足了速食的要求。如麥當勞的服務員工作上崗前都要經過嚴格培訓；讓顧客等待的時間都有嚴格的底

限；所有食品都事先放在紙盒或紙杯中，排隊一次就能滿足顧客所有的要求；顧客要帶走的食品，事先都會包裝好且不會溢出。麥當勞還在清潔衛生方面制定了嚴格的衛生標準：如工作人員不准留長髮；婦女必須帶髮網；顧客一走就必須擦淨桌面；落在地上的紙片，必須馬上揀起來；速食店的窗戶和玻璃必須隨時保持潔淨等等。顧客無論什麼時候走進麥當勞速食店，均可立刻感受到清潔和舒適，從而對該公司產生信賴。

麥當勞就是這樣通過在產品、服務、品質、清潔等方面的細節上做到盡善盡美，使得顧客對它產生持久的喜愛和忠誠。

遺憾的是，粗放型的「紅高粱」連鎖店只看到了「麥當勞」店成功的表面，只懂得對「麥當勞」進行簡單的模仿，而沒有看到、更沒有學到、也就沒有重視、更沒有做到麥當勞成功背後的標準化的細節和管理執行流程。

連鎖加盟實際上是把一個店鋪的贏利模式無限地複製，長久地複製。但真正能做到「一本萬利」的往往只是國外一些成熟的品牌，如麥當勞、星巴克、沃爾瑪等。儘管這些品牌也面臨本土化的變異，但萬變不離其宗，其核心要素基本不變。

連鎖加盟平台的整個運營管理系統，可以簡單梳理為三部份：運營管理體系、培訓體系、督導體系。運營管理體系是需要複製的內容，培訓體系是進行複製的方法，督導體系是進行監督控制的保障。

要先沉澱好運營管理，有一套清晰的商業贏利模式，並對這套贏利模式的可複製性進行評估、提煉，再進行培訓，而後進行督導。

賣品牌，不光是賣 CI，賣產品和服務，而是賣運營模式，以及掌握這套運營模式的人才。但在現實中，往往很多都沒準備好就開

始忽悠了，所謂萬事不備，猛吹東風，結局可想而知。

一些品牌商將加盟想得很簡單，只想著如何搶佔市場，獲得規模效應，以為把自己的招牌一賣，就各安天命，而不想著如何指導、保證加盟商在預期內贏利。如果在預期內無法贏利，加盟商變卦是自然的事。

肯德基的加盟費曾經高達 3000 萬台幣，應者如雲。肯德基之所以收這麼高的加盟費，不但是為了獲利回套，更重要的是設置一個高門檻，確保加盟者願意認可肯德基的營運模式操作，否則加盟商的高額投資就付諸流水。

一些品牌商，雖有一套「完整」的運營手冊，但手冊的可操作性、有效性卻有問題，例如：品牌商的旗艦店是大賣場，營業員很多，但加盟商是小賣場，營業員只有一兩個，整個管理模式都不一樣，而這些不一樣更多的是體現在細節管理上。

另外，品牌商通常運作自己的產品和服務多年，積累了不少經驗，也沉澱了不少人才，更有很多天時地利的因素，有些優勢是不可再生的，有些資源是稀缺的。品牌商之所以贏利，跟這些優勢和資源息息相關，但加盟商短期內卻無法擁有這些。因此，品牌商一定要評估好加盟商贏利的關鍵因素是什麼，否則，加盟商便會拖累品牌商，把品牌商辛苦建立的偉業拖向深淵。

3 制定標準化的流程體系

細節管理的問題其實不僅在於管理者是否關注和重視細節，而更關鍵之處在於管理者是否用心去科學地挖掘細節，並將這些細節運用管理的手段流程化和規範化，成為一個企業的管理規範和標準手冊。

標準是什麼？什麼叫規定標準，具體怎麼做？其實，所謂標準就是白紙黑字，制定出來，寫下來，不是語言。五星級飯店和四星級飯店、三星級飯店、一星級飯店為什麼不一樣？

屬於五星級飯店，希爾頓飯店的服務標準是什麼？客戶在 20 米外出現，員工微笑，露出 8 顆牙齒，已經規定了。如果客戶朝你走過來，走到距你 10 米時，你必須開始發話：「我能夠幫助你嗎？」、「你需要我幫助嗎？」、「早上好，先生！」如果客戶已經走到你面前，你必須聚焦，與客戶目光對接，然後詢問客戶需求，專注服務客戶，這都是有具體規定的。

服務雖是無形的產品，但相應時間、聯繫的方便程度、員工是否禮貌熱情、解決問題的能力等，用戶都可以真切地體驗到；設備、設施、人員素質、管理能力、備件供應等等這些硬體方面的建設，消費者可能並不在意，也沒有必要在意，但這些硬方面的維護和優化卻直接影響到服務的品質。

只有將用戶看得見和看不著的所有流程都以標準化的形式加以規範，並得到員工切切實實的執行，才能保證服務品質的均一性。

　　有這樣一個故事：

　　一次工程施工中，師傅們正在緊張地工作著。這時他手頭需要一把扳手。他叫身邊的小徒弟：「去，拿一把扳手。」小徒弟飛奔而去。他等啊等，過了許久，小徒弟才氣喘吁吁地跑回來，拿回一把巨大的扳手說：「扳手拿來了，真是不好找！」可師傅發現這並不是他需要的扳手。他生氣地說：「誰讓你拿這麼大的扳手呀？」小徒弟沒有說話，但是顯得很委屈。這時師傅才意識到，自己叫徒弟拿扳手的時候，並沒有告訴徒弟自己需要多大的扳手，也沒有告訴徒弟到那裏去找這樣的扳手。自己以為徒弟應該知道，可實際上徒弟並不知道。師傅明白了：發生問題的根源在自己，因為他並沒有明確告訴徒弟做這項事情的具體要求和途徑。

　　第二次，師傅明確地告訴徒弟，到某間庫房的某個位置，拿一個多大尺碼的扳手。這回，沒過多久，小徒弟就拿著他想要的扳手回來了。

　　這個故事的目的在於告訴人們，要想把事情做對，就要讓別人知道什麼是對的，如何去做才是對的。在我們給出做某事的標準之前，我們沒有理由讓別人按照自己頭腦中所謂的「對」的標準去做。

　　如果想讓一個管理模型能夠連續下去，能夠從 A 企業複製到 B 企業，就必須實現標準化。

　　所謂標準化，就是將企業裏有各種各樣的規範，如：規程、規定、規則、標準、要領等等，這些規範形成文字化的東西統稱為標準（或稱標準書）。制定標準，而後依標準付諸行動則稱之為標準化。那些認為編寫或改定了標準即認為已完成標準化的觀點是錯誤的，只有經過指導、訓練才能算是實施了標準化。

　　標準化不是一朝一夕的事情，一般來說需要經歷三個階段：

第一階段：明確。解決管理規則有無的問題。

第二階段：準確。對崗位和流程的表述盡可能準確，不能讓下屬產生歧義。ISO9000 裏有一個非常核心的思想：寫你所說的，說你所做的，做你所寫的。寫、說、做應該完全一致。因此，對於流程和崗位規範的描述一定要準確。

第三階段：精確。精細化管理是指規則的精確，儘量數據化。標準化就是把過去人們成功的工作經驗和方法進行歸納總結的成果。它不但為員工提供了正確的工作程序和步驟，也為員工提供了有效的工作方法。可以說，即使是沒有任何工作經驗的職場新人，只要基本能力合格，在經過相關的標準管理培訓後，也能很好地做好自己的工作。

4 每一項工作指標實行量化管理

麥當勞店規定：在雞腿烤出 20 分鐘後，如果沒有賣掉就一定要丟掉，對很多餐館來說，別說 20 分鐘，就是過了 2 個小時也捨不得扔掉。雞腿烤出 20 分鐘內就要消費，這就是標準，這就是麥當勞能夠在全球迅速擴張的真正原因。

想一想，要達到這樣一條看似簡單的標準，背後需要做多少細緻的工作啊！例如，客人太多漢堡不夠賣時，現烤肯定來不及，這就要讓客人等，很可能失去顧客；而客人少烤的雞腿又太多時，又只好扔掉，這會大大增加經營成本。所以，既不能讓客人等，又不

能烤的太多而浪費，這就需要對顧客需求進行詳細的紀錄，找到一個客人數量與烤雞腿數量的一種合理的比例關係，這樣才能保證兩者不誤。單單是烤雞腿一項，其他食品以及服務還有相應的標準要去執行，可見這其中的細節是多麼複雜。

在量化管理中有三個要素，它們是從上到下安排任務的執行標準：時量、數量和品質。

「時量」主要是指完成任務的時間；「數量」是指所完成任務的數量；「品質」則是任務要達到的標準。這三個要素相互依存，如同三維空間中確定一點位置的三個座標，缺少任何一個都會出現偏差，影響到準確性。

細節關乎企業的成敗，作為企業管理人員，尤其是高層管理人員，是不是需要關注每一個細節，事必躬親呢？例如一輛汽車的產出，往往需要上千人的勞動，經過上萬道工序組成的幾百條流水線來完成，那麼讓一個高層管理人員關注每一個汽車生產的細節就是天方夜譚。

即使一個相對簡單的工作，如果細化到每一個操作，細節將會成百倍地增長。事實上，作為管理人員關注每一個細節根本就是不可能的事情。因此很多管理人員常常在「細節關乎成敗」和「細節如此之多」之間困惑。面對這樣的困惑，作為管理人員，應該怎麼做呢？

上司在上司的層面上工作，下屬在下屬的層面上工作，上司的層面主要集中在計劃、監督、激勵、領導、輔導和重要業務問題的處理上；下屬的層面主要集中的在計劃的執行、業務的展開、事務處理上。只有各司其職，才能有較高的工作效率和績效。

不同層級的管理者對流程細節關注的程度應該是不同的，越高

層的管理者關注的流程越粗化，例如企業總裁可能只需要從供應鏈的角度來觀察整個流程，這個流程包含的工序就是供應商、企業內部的採購部門、生產部門、銷售部門、分銷和零售商以及客戶。

每道工序可能是一個企業，或者企業的一個部門。對於中層的管理者來說，其所管理的部門就是一個流程，每道工序就是部門內部要做的各項事情。基層管理者關注的則可能是一個工廠、一條生產線、一個服務點等。最後每一個基層員工負責自己具體所做的幾件事情。

這樣一層層展開，流程也從最宏觀的以企業和部門為工序細化為以每個具體的操作為工序。

標準化體系還應制定相關的操作規程，包括檢驗儀器操作規程、設備操作規程、關鍵控制點操作規程。相關技術標準包括：產品標準、檢驗方法標準、包裝材料標準，原材料驗收標準。工作標準包括：各部門、工廠工作的標準。

工作的標準化是企業可以將已建立的有效作業方法進行保存和推廣的有效和重要方法，它將企業經常要使用的重覆性的工作，以標準化的方式建立並在企業內得到保持和形成習慣性的推行，並合成企業文化的一個部份，長期的有效執行一定會成就企業文化，並為企業帶來收益。

為了使大家能夠更細緻地瞭解自我量化管理的方法，下面將把工作任務的標準做進一步的分析。

首先，要瞭解工作任務的種類。在量化任務之前，需要對每個崗位的工作任務有一個定性的認識，明確任務屬於什麼類型，只有做到心中有「數」，才能進一步地對任務進行操作。崗位工作任務從內容和性質上可分為管理性崗位和技術性崗位；從發生機率和頻率

可分為可見性任務和突發性任務。

其次，分解工作任務，在分解工作任務時，可以把以前的工作任務進行總結，然後再分解成多個細節。在這裏有一點應值得注意，就是這些工作細節必須是由點組成的，它也是多個最小的細節點，直到這些點不可再分為止。主要包括：

1. 工作任務名稱，所反映的是「做什麼」的工作特點。

2. 簡明的內容和過程，概括說明本項工作任務的相關指標、方法和操作步驟等，要做到明白易懂。

3. 完成任務所要達到的標準。例如數量、時間等，這一步驟是最關鍵部份，越詳細越好，並要記住這些數據，以便做到心中有數。

再次，我們要做的就是把細節加入到工作行動中。把分解後的工作細節一一應用到工作行動中，在進行中每一步都緊靠細節要求。

在企業中，如果每個員工都建立一套自我量化管理法，一定會在工作中起到有效的防範作用，提高工作績效。

心得欄
_____
_____
_____
_____
_____
_____

5 連鎖經營的運營模式

連鎖經營是商業零售的一種方式。世界零售業先後經歷了三次革命。首先是零售店的出現，其次是超級市場的興起，第三是連鎖店經營方式的出現。這是順應社會化大生產的潮流，為商品的流通創造了更廣闊的空間。三次零售業的變革，都是在工業化發展到一定程度，國民經濟達到一定水準，生產和消費都要求流通環節從規模和具體形式上相應轉變和發展的客觀經濟環境下發生的。

在市場經濟條件下，連鎖加盟體系在現代商業活動中已經成為很重要的經營體系。通過多店統一配送貨物，統一宣傳促銷，統一商店形象，降低了風險，降低了成本，提高了競爭力。中國內地無可避免地會出現蓬勃發展的連鎖經營體系，多種連鎖經營類型並存，以消費者為中心，展開以價格競爭、商品服務來樹立商店形象的各種經營活動。

隨著連鎖經營的發展，連鎖經營有不同的類型，但主要是四種基本類型：

1. 直營連鎖

直營連鎖(RC)採取由總部全資或控股開設連鎖店鋪，總部對各連鎖店擁有完全的所有權和經營權。各連鎖店的經理人選、進貨計劃、銷售方式、廣告宣傳、環境設計、商品佈局等都由總部統一管理、安排；各連鎖店實行統一核算。如美國的沃爾瑪、法國的家樂福就屬於此類。

2. 自由連鎖

自由連鎖也稱加盟連鎖(VC)，這種連鎖採取總部與各連鎖店聯合經營，各連鎖店保留各自的資本所有權，是一種協商與服務的關係；各連鎖店獨立核算、自負盈虧、人員安排自主，在經營的品種、方式、策略上有一定的自主權，但要統一訂貨、送貨，統一廣告宣傳，統一制定經營戰略等，按一定銷售額或毛利的比例向總部上交加盟金及指導費。自由連鎖一般採取以大型企業為骨幹，利用大型企業的進貨管道和儲運設施的優勢開立總店，再以自由連鎖方式吸收中小企業加盟；或以幾家中小企業聯合開立自由連鎖的總店，建立統一配送中心，吸引其他中小企業加盟。

3. 特許連鎖

特許連鎖也稱為特許加盟連鎖(FC)，採取總部與加盟店簽訂特許合約，特別授權其使用自己的商標、服務標記、商號和其他，使加盟店在統一的形象下進行商品銷售或服務。加盟店對店鋪有所有權，在人事、財務上有自主性，經營權在加盟店，但在經營業務和方式上高度統一，必須受總部指導和控制。連鎖加盟店是以獨立的所有者身份加入特許連鎖，按一定銷售額或毛利的比例向總部上交加盟費。在統一的合約規範下，形成一個資本統一經營的外在形象，達到獲取企業聯合經營效益的目的。

另一個國外連鎖業發展的典型代表是日本，日本的連鎖加盟店的發展也十分迅速。其基本框架源自美國，但是日本根據自身特點又融入了自己獨特的經營方法。在日本採取的經營方式類型中，既有直營連鎖類型，也有自願加盟連鎖類型，還有特許加盟連鎖類型。

4.委託加盟連鎖

委託加盟連鎖(EC)，是一種由總部負責店面、設備、裝潢、經營技術和部份經營費用，各連鎖店主要負責員工招聘、門市管理和部份經營費用的委託加盟連鎖類型。實際上這也是特許加盟連鎖的另一種形式。委託加盟連鎖類型現在已成為一種發展趨勢，自願加盟和特許加盟的區別為自願加盟店有一定的自主權，而特許加盟則有一定的限制。

各種類型連鎖店的比較見表 1-5-1。

表 1-5-1　各種類型連鎖店的比較

類型 行銷模式	直營連鎖 （RC）	加盟連鎖 （VC）	特許加盟連鎖 （FC）	委託加盟連鎖 （EC）
決策	總部	參考總部意見，連鎖店有自主權	總部為主	總部為主
經營權	總部	連鎖店	連鎖店	連鎖店
資金	總部100%	連鎖店100%	總部負責部份，絕大部份由連鎖店負責	連鎖店負責店租、人事、行銷，總部負責設備、裝潢
利潤	總部100%	連鎖店100%	連鎖店 60%，總部 40%	連鎖店 35%～45%，總部 65%～55%
商品供應	總部負責	大部份由總部進貨，一部份連鎖店自行進貨	總部負責	總部負責
促銷活動	總部統一安排	隨連鎖店的意願	總部統一安排	總部統安排
教育訓練	總部負責	總部負責訓練，但隨連鎖店的意願	總部負責	總部負責
外在形象	統一	基本統一，部份修改	統一	統一
價格政策	統一	部份商品隨連鎖店調整	統一	統一

6 總部在特許連鎖經營中扮演的角色

特許連鎖總部（或簡稱總部），是受特許人的委託，代表特許人建立、發展、運營和管理特許連鎖經營體系的機構。

一般而言，總部是特許人組織中的一個部門，人們經常將二者名稱混合使用。總部在特許連鎖經營中扮演的角色如下：

1. 領導者的角色

在激烈的市場競爭當中，特許連鎖經營總部必須擔當起領導的責任，時刻關注市場競爭態勢，看準前進方向，及時調整競爭策略、制定行動方針和政策，從而保持和提升體系的核心競爭力。

如果把激烈競爭的市場比作大海，那麼特許連鎖經營體系則猶如一隻在驚濤駭浪中航行的龐大艦隊，特許連鎖經營總部就是其中的旗艦，負責領航和協調。

2. 授權者的角色

特許連鎖經營總部受特許人的委託，代表特許人發佈特許連鎖經營公告，制定並實施加盟商招募計劃，對加盟申請者進行遴選、簽約授權以及進行開店前的指導和培訓，因此完全扮演了特許連鎖經營授權者的角色。

3. 經營者的角色

在特許人的組織中，特許連鎖經營體系是組織中相對於其他部份一個獨立的、完整的系統。特許人在委託特許連鎖經營總部建立、發展、運營和管理整個特許連鎖經營體系的同時，也授予其很大的

行政管理權利，同時要求總部對特許連鎖經營體系的運營結果負責。因此總部必須承擔特許連鎖經營體系年度經營計劃的制定和組織實施的責任，也就是扮演特許連鎖經營體系經營者的角色。

4.管理者的角色

特許連鎖經營體系是一個新型的社會組織，它由眾多相互獨立的投資主體——加盟商組成，在特許人統一的品牌旗幟下開展經營活動。

這樣一個新型的社會組織給特許人提出了新的管理課題：採用現代化的手段來協調體系內不同投資主體——加盟商的行動，實現整體系統的高效率運轉和快速發展。解決這個課題就成為特許連鎖經營總部不可推卸的責任。

5.培訓者的角色

特許人通過與受許人簽定特許連鎖經營合約的方式，將特許權授予受許人使用。特許權的核心是特許人的知識產權，而知識只能通過一個完整的培訓和教育的過程，才能真正實現從所有者向使用者的轉移。這也就是為什麼標準的特許合約中要規定培訓是特許人必須履行的基本義務之一，因此，總部必須扮演培訓者的角色。

6.後台支持者的角色

依據單店性質，特許連鎖經營單店負責直接服務於客戶，向客戶提供商品或服務，並獲取價值回報。特許連鎖經營總部在單店的系統中則扮演的是供應者的角色，負責源源不斷地向單店提供各種有形和無形的資源。

如果把特許連鎖經營體系整體放到市場中來觀察，單店就相當於前台的明星，以他們優秀的經營業績，放射出特許人品牌的光芒，總部則是強大的後台，以默默無聞的踏實工作，支援著處於不同地

區的單店，使單店在激烈的市場競爭中保持其持續競爭力。

7.資訊中心的角色

單店處於市場的前沿，除了直接服務於客戶之外，同時負責收集並向總部反饋單店的運營管理資訊和局部市場的資訊，特許連鎖經營總部則負責匯總和處理這些資訊，並將其作為運營管理決策的重要依據；另外，特許連鎖經營運營管理體系的網路化結構中，總部要承擔協調單店之間業務的責任，甚至要作為單店之間業務往來的結算中心。

7 特許連鎖經營的基本原則

特許連鎖經營是一種有效的商業模式，為了保證其正常發展，特許人（總部）和受許人都必須遵守一定的原則。

1.循序漸進原則

特許連鎖經營的發展需要一定的過程，任何一個企業剛開始時都不可能達到盈虧平衡，想要在短期內贏利或收回成本是不太可能的。

在美國，1975 年以前創業的特許組織，從成立到發展成熟，平均花費了 11.7 年的時間。而 1976～1985 年創業的組織，這個期間縮短到 3～4 年。1986 年以來，更是平均只需 1 年或不到 1 年。這表明，成立特許連鎖體系的時間有逐漸降低、縮短的趨勢。這說明一方面現代企業較以往急功近利，公司一成立，就急於向特許方向

發展，以便在更短時間內佔領更大市場；另一方面，特許連鎖體系的蓬勃發展，也使民眾越來越能接受這種經營方式，為特許組織縮短成立時間提供了客觀條件。

即便如此，特許人根據其業務發展狀況逐步建立和擴展特許體系，將風險降到最低限度，依然是明智的做法。有以下兩個現象值得注意：

(1)不能因為急於擴張而降低甄選標準

不合格的受許人，從長遠看是不利的，他們的經營失敗，會影響整個體系的聲譽，會給整個特許體系帶來嚴重的危害。國外的特許組織總部往往願意找產權明確、資金力量不雄厚、學歷不太高、需要通過努力才能維持生意的中、小投資者。這些人可能傾其全部積蓄投資此項事業，因此能全力關注自己的加盟店，認真地按總部的要求去做，這樣既維護了總部的良好聲譽，又給自己帶來效益。

但這種理想的加盟商並不好找，尤其是特許人在推廣其體系的初期，品牌可能還不夠強大，即使直營店驗證了成功的經營模式，但是當規模擴大時，總部的管理能力是否能跟得上體系的發展還無從驗證。對於中小投資者來說，風險比一個成熟的特許體系要大，所以特許人招募到合格的受許人，就更為困難了。

但千萬要注意，即使招募合格的受許人會用更多的時間，也不能放鬆標準，因為一旦簽訂了特許合約，經營一段時間後發現加盟商不能勝任工作時，總部也無法更換，不能像直營店那樣可以辭退重新換人。

(2)不要期望在事業剛開始時就達到盈虧平衡

建立和運營特許業務，必然要投入大筆資金，在最初一兩年內，往往要經歷淨虧損的局面。特許人向受許人索取過高的首期加盟金

是不明智的，會使很多中小投資者望而卻步，阻礙體系的發展。

有些特許人企圖憑藉收取特許加盟費賺取大筆利潤，這樣做既不符合特許連鎖經營運行規律，也不能取得潛在加盟者的信任。而且，即使是初期受許人較少，諸如商標註冊、員工薪水、辦公費用、差旅費、特許推廣費等總部的管理服務費用也是不可避免的，因為讓受許人得到良好的服務，是總部的職責所在，也是體系良性循環的根本。所以，特許人的大部份收入應該是從對受許人經營的服務中來，應該是在受許人一步一步的成功中逐漸增長的。

因此，不但受許人要有思想準備，亦即他(她)不可能立即或在較短期內就可以見到特許連鎖經營給自己帶來的利益，就是特許人在發展體系網路時，也要本著切實可行的實際操作原則，本著對受許人負責的原則，腳踏實地、循序漸進地推進，而不能盲目地擴大網路，以免過大的攤子反過來把自己置於死地。

麥當勞在外界巨大的誘惑面前始終堅持「開一家店，成功一家」，所以它才能穩步地成長為速食業和特許連鎖經營的巨頭，並書寫了一百多年的輝煌歷史。相比較而言，許多企業卻因為快速擴張而迅速在特許連鎖經營的戰場上折戟沉沙。

2.分散式經營原則

特許連鎖經營不強調單店的大規模經營，而重視多店鋪結合的大型經營體，亦即它依靠眾多單店所組成的「聯合艦隊」的網路取得成功，而不是依靠某一個巨型的「航空母艦」取得成功。這正是特許連鎖經營的聯合優勢，故稱之為分散式網路經營，這和那些大型的百貨公司或購物中心等單體經營者之間有著明顯的不同。

3.雙贏原則

因為特許連鎖經營體系的最基本雙方(特許人和受許人)之間是

商業的契約關係，利益是二者聯繫的根源或最重要的聯繫之一。所以特許連鎖經營必須以雙方都獲利為基礎，只有這樣才能讓雙方的合作關係長期維持下去。因此，雙贏就是特許連鎖經營的最大特點和最重要原則之一，單方有利或雙方權利義務關係的失衡，都勢必導致特許連鎖經營體系的瓦解。

特許連鎖經營是特許人利用他人資本實現快速擴張的捷徑，但特許人不同於一般的商業經營，它銷售的不只是產品和服務，重要的是它銷售特許權，它必須讓受許人能從其提供的特許權利中得到其期望的利益，才可以使事業的發展走上良性軌道。也就是說，特許體系的發展，是以合作雙方的互惠互利為基礎的。

特許人一味追求利益，收取過高的加盟金和權益金，或在服務支援上達不到承諾的標準，使受許人無法取得預期利潤，就不可能吸引更多的人加盟，或導致現有的受許人採取不合作態度，特許體系也就無法正常擴張。

反之，受許人如果經營較為成功，產生自滿情緒，不服從特許人的管理，隱瞞營業額以達到少交或不交特許權使用費的目的，也會影響特許人的服務支援能力，最終會導致「雙輸」的後果。

所以特許人與受許人是一榮俱榮、一損俱損的關係，處理好這一關係影響著特許連鎖經營的成敗。堅持互惠互利原則是處理雙方關係的準則。

(1)堅持互惠互利對特許人的要求

①特許人應當提供可能影響受許人決定的全部資訊，包括合約內容、特許人的經驗及目前的經營情況、受許人需提供的投資、受許人的可能利潤等。

②特許人應具有經實踐檢驗的、成熟的商業經營模式、知識和

經驗。

　　③特許人確保穩定、優質地提供原料、產品及服務。特許人按照特許連鎖經營協定的規定方式，向受許人提供合理的經營指導和適時培訓，並應當繼續研究、開發、改進產品和服務，發展經營管理專有技術，使得受許人能夠獲得這些成果，促使受許人保持市場競爭力和贏利。

　　④特許人本身應當合法經營，遵守所有適用的法律規定，不侵犯他人權利，不從事不公平競爭，更不能強迫受許人做出上述一些行為。

　　⑤特許人有義務保護特許連鎖經營商標和商譽，同時盡力避免可能損害他人利益的行為。

　　⑥特許人的廣告宣傳和授權活動，應當符合法律規定，廣告資訊必須準確、不致誤導。

　　⑦特許人與其受許人之間的所有交易應當體現公平。

　　⑧特許人應盡力以善意方式，通過直接溝通和協商解決與受許人之間的投訴和糾紛。

　　⑨特許人在撤銷特許連鎖經營合約之前，應當通知受許人的違約情況，並給予其糾正違約行為的合理機會。

(2)堅持互惠互利對受許人的要求

　　①受許者有義務如實回覆特許人關於從事特許連鎖經營必需條件的調查，例如受教育程度、經營經驗、個人素質和資金來源等。

　　②受許人執行統一的財務管理制度，對營業額不得漏報、瞞報，按合約規定交納特許權使用費。

　　③對特許人的專利、專有技術要嚴格保密。

　　④受許人嚴格按手冊規定操作，供應品質始終如一的產品和服

務。

4.標準化原則

標準化是為了利於特許連鎖經營模式的複製，利於特許連鎖經營體系的管理和控制，或保持整個特許連鎖經營體系的一致性，這是特許連鎖經營的優勢和競爭力之一，其意思就是指特許人對其業務運作的各個方面，包括流程、步驟、外在形象等方面，經過長期摸索或謹慎設計之後，而提煉出的、能夠隨著特許連鎖經營網路的鋪展，而適應各個地區加盟店的一套全體系統一的模式。

或者說，標準化的另一個意思就是企業 CIS(Corporate Identity System)的導入與建設，而現代廣義的 CIS 包括六個部份：VI(視覺識別)、SI(店面識別)、AI(聲音識別)、MI(理念識別)、BI(行為規範識別)、BPI(工作流程識別)。

特許連鎖經營的標準化按照標準化的內容，還可將其主要分為兩大類：硬體的標準化和軟體的標準化。

硬體的標準化主要指企業 VI、SI 的統一性。具體包括：店面外觀和內飾、設備、工具、文件、辦公用品系列、企業證件系統、賬票系列、制服系列、企業指示符號系列、辦公環境設計規範、交通工具系列、產品應用系列、廣告應用系列規範、公司出版物、印刷物等；商品陳列方式、店內空間佈置等。

軟體標準化主要指 MI、BI、AI 以及 BPI 等無形部份的統一性。其中，MI 包括理念識別的基本要素和理念識別的應用，前者包括企業經營策略、管理體制、分配原則、人事制度、人才觀念、發展目標、企業人際關係準則、員工道德規範、企業對外行為準則、政策等；後者包括企業信念、企業經營口號、企業標語、守則、座右銘等。BI 包括企業行為(企業家的行為、企業模範人物的行為、企業員

工的行為)和企業制度(企業領導體制、企業組織機構、企業管理制度)兩大基本部份。AI 指企業歌曲、企業音樂等。BPI 則指企業或單店在運作的具體流程、方法、關鍵技術等方面的一致性。

標準化原則是特許連鎖經營最基本的原則,也是連鎖經營最基本的特色。麥當勞的員工「小到洗手有程序,大到管理有手冊」。我們在街頭經常看到的麥當勞,就是 3S 原則不折不扣的執行者。

無論麥當勞的那一家特許分店,其建築式樣、設計、建造都充分保持了麥當勞獨特的外觀特色和商業個性。其華麗耀眼的金色雙拱門大寫字母「M」,更是惹人注目,顧客總能迅速辨認出來。

在商品品種上,麥當勞總部從不給予任何加盟商自由經營商品的權力,嚴格禁止在操作上自行其是。

麥當勞的標準化還已經準確到了用數字來描述的地步,例如麥當勞嚴格要求麵包不圓或切口不平都不能銷售;奶漿接貨溫度要在 4℃以下,高一度就退貨。牛肉原料必須挑選精瘦肉,脂肪含量不得超過 19%,絞碎後,一律按規定做成直徑為 98.5 毫米、厚為 5.65 毫米、重為 47.32 克的肉餅。「煎漢堡包時必須翻動,切勿拋轉」,要在 50 秒鐘內制出一份牛肉餅、一份炸薯條及一杯飲料。燒好的牛肉餅出爐後 10 分鐘、法式炸薯條炸好後 7 分鐘內若賣不出去就必須扔掉等。

再例如,最適合人們從口袋裏掏出錢來的高度是 92 釐米,因此,麥當勞櫃台設計以 92 釐米為標準;其廚房用具全部是標準化的,如用來裝袋用的「V」型薯條鏟,可以大大加快薯條的裝袋速度;用來煎肉的貝殼式雙面煎爐可以將煎肉時間減少一半;所有薯條採用「芝加哥式」炸法,即預先炸 3 分鐘,臨時再炸 2 分鐘,從而令薯條更香更脆;在麥當勞與漢堡包一起賣出的可口可樂,據測在 4℃時

味道最甜美；麵包厚度在 17 釐米時入口味道最美；麵包中的氣孔在 5 釐米時最佳；等等一系列標準具體的細化工作。

正是由於麥當勞始終如一地堅持經營標準化，同時建立及使用速食生產線等現代工業化生產方式，並不斷提高生產經營的機械化、自動化程度，推廣規範化操作行為，才使得麥當勞成了一座座標準化下的「廚房工廠」。

無獨有偶，同樣是速食特許連鎖經營巨擘的肯德基也將標準化視作其生命線。例如在雞肉原料方面，肯德基要求重量、大小、外觀基本一模一樣。翅根、翅中須修剪乾淨、無黃皮、無絨毛等等，重量要在 38～42 克之間。在運輸儲藏方面，要求廠商必須有為肯德基配備的專用車，要做到零下 2 攝氏度到 2 攝氏度之間的冷鏈運輸，並且每個門店都規定了準確的送貨時間。

零售巨頭沃爾瑪的一些規定也非常有趣。有些規定比較模糊，例如著名的「太陽下山」規則就是如此。沃爾瑪規定，每個店員在太陽下山之前必須幹完當天的事情，而且，只要顧客提出要求，不管是鄉下的連鎖店還是鬧市區的連鎖店，店員都必須在當天滿足顧客。沃爾瑪的有些規定則量化得很清楚，例如著名的「三米原則」，即沃爾瑪公司要求員工無論何時，只要顧客出現在三米距離範圍內，就要與顧客目光接觸、點頭、微笑、打招呼。同時，沃爾瑪規定員工對顧客微笑的量化標準，它要求員工對顧客微笑時必須露出「八顆牙齒」。總之，沃爾瑪的標準化或量化的細節服務，不僅贏得了顧客的熱情稱讚和滾滾財源，而且為企業贏得了價值無限的「口碑」，為企業長遠發展奠定了堅實的基礎。

5.專業化原則

所謂專業化，其實就是特許連鎖經營體系各基本組成部份的總

體分工問題。特許連鎖經營網路為了保障這個可能很龐大體系的良性運轉，必須把不同的職能交由不同的部份來完成，然後各個部份有機協調、合作，才能使特許連鎖經營體系成為一個具有自我發展和良好適應外部環境能力的有機整體。

特許連鎖經營體系的三大基本部份指的是特許連鎖經營總部、加盟店和區域分部。其中，總部負責全局的戰略發展、業務研究、戰術總結推廣和總體協調、管理、控制工作；加盟店負責具體的業務與客戶直接對接，它們是特許連鎖經營體系的一線最前沿陣地；區域分部則負責特定區域內特許連鎖經營體系的開發、建設和維護等工作，它對上要對總部負責，對下則要對加盟店進行協調和管理工作。

6.簡單化原則

簡單化原則是指作業流程簡單化、作業崗位活動簡單化。由此可以使員工節約精力，提高工作效益，以最小的時間和體力支出獲得最大的效益。

在管理實踐中，特許人都會對作業流程和崗位工作中的每一細節作深入的研究，並通過手冊歸納出來。零售業有一句名言:「Retail is detail（零售就是細節）」，意指簡單化後的細節對於零售企業的重要性。著名的麥當勞手冊中甚至詳細規定了奶昔員應當怎樣拿杯子、開機、灌裝奶昔，直到售出的所有程序。使其所有的員工都能依照手冊規定操作，即使新手也可以依照最有章法的工作程序，迅速解決操作問題。

例如，7-11 對每項任務都做出了非常細化的要求，下面以清掃為例加以說明。

1. 各店鋪每天清掃工作的內容有：店內地板的清掃、店門口的

清掃、櫃台週圍的清掃、垃圾袋的更換、垃圾箱的清掃、影印機的擦拭、招牌的擦拭、食品櫃台的沖洗、店內設備的擦拭、公用電話的擦拭、停車場的清掃、電燈的擦拭、廁所的清掃等，一天必須進行數次。除了對售貨的店鋪進行清掃外，店後臨時存貨間、臨時貨架等也都必須清掃。

2.清掃流程：必須先用拖把、再用抹布和清洗上光劑清掃。

3.清掃的時間：一般上午 11 點用拖把清掃，然後用濕抹布擦拭，此後，下午 2 點半、5 點、9 點、11 點、凌晨 2 點、早上 6 點，一晝夜共拖 7 次地，其中要用浸濕的抹布擦拭 4 次。每天用清洗上光劑清掃 2 次，一次是下午 2 點半，另一次是凌晨 2 點半，而且用機器清掃後，必須用拖把再拖一次。碰到雨天或下雪天，清掃的次數要更頻繁。

4.清掃工具：100%的純棉製成的抹布，不僅浸濕後不易乾，而且容易撕破。後來的抹布，7-11 採用從美國進口的新抹布，它由棉與化纖混紡製成，纖維很細，不僅浸濕後容易乾，而且不易撕破。

此外，為了使抹布能不斷保持乾淨，還用全自動洗衣機洗滌抹布。

從上面的規定中可以看出，如此細化的工作分解，怎能不在保證了工作質量的同時，又容易被員工所理解和掌握呢？

需要注意的是，簡單化原則的意思並不是要企業把工作流程省略、縮減，相反，簡單化的真正含義卻是在仔細研究工作全過程的基礎上，把工作進行合理的分解，使本來複雜繁瑣的工作變成一個個簡單明瞭的操作，這樣就非常有利於工作模式的複製和其餘人員的學習、掌握，也才能使特許連鎖經營成為可能。

中式正餐之所以不如西式速食那樣可以成功地建立特許連鎖經

營並可以保證各個分店在口味上的基本一致，其主要原因之一就是中餐的製作過程沒有或很難被簡單化，因為同樣的原料在不同的廚師手下，做出來的味道可以迥然不同！因此，中式正餐為了成功地借助特許連鎖經營模式推廣自己的業務，應該在簡單化上狠下工夫。

以上三條原則就是著名的「3S」原則，它是特許連鎖經營的最經典的基本原則，凡是瞭解特許連鎖經營的人無不知道這個原則，其他原則其實都可以從此原則上引申、變化出來。特許連鎖經營的本質是工業產權和/或知識產權的轉讓，而 3S 原則的執行正是使這種轉讓使雙方都能獲取最大效用的手段。

7.大量商品批售的低成本原則

特許連鎖經營其商品銷售數量當然相當可觀，符合大量商品批售的營業原則。其銷售網，是由一個個單店的銷售、一個個分部或區域的銷售所構成的一個由點到線、再由線到面的網路式銷售通路，大量的商品批售是特許連鎖經營成本降低的最主要原因，因為特許人增加了議價採購的能力，或降低了商品的單位生產成本，所以只要特許連鎖經營體系保持合理的銷售價格，就一定會獲得可觀的利潤。

8.特色原則

不管特許連鎖經營是銷售某具體產品，還是提供某種無形服務；也不管特許連鎖經營銷售的是自有品牌，還是引進別人品牌，有一條卻是不可改變的，這就是特許連鎖經營必須具有自己的特色或保持經營的差異性，這是特許連鎖經營競爭取勝以及可持續發展的基本原則。

7-11 在其所提供的產品和服務方面就有自己的清晰特色——「便利」，靠著這個獨特的特色，它才能成為當今最成功的便利店典

範和以小做大的範本。

7-11 的便利性表現在以下幾個方面：

1. 在產品花樣上，其經營品種約 3000 個，其中食品佔 75%，雜誌和非食品佔 25%，另外，7-11 總部平均每月會向加盟店推薦 80 個新品種，使商店經營的品種經常更換，以適應市場變化，也給顧客以新鮮感。

2. 在擴充服務上，除了提供社區居民的生活必需品之外，它還根據顧客要求和市場趨勢，為顧客想得很週到細緻，不斷補充、更新服務內容以便為顧客提供真正的便利，例如其店內涉及擴充的服務內容會包括：

⑴代繳費：例如代為支付公用品(水、電、煤氣等)賬單等，在日本，甚至還包括通信費、生命保險費等；

⑵售卡及票：包括各類電話卡、手機充值卡、補換 SIM 卡、上網卡、遊戲點數卡、網站點數卡、體育彩票、彩票投注卡、各類演唱會、展覽會及講座門票，以及泊車卡等；

⑶代為報名：代辦各類培訓的報名手續；

⑷代為訂購：代訂考試教材、潮流用品、禮品、車票、機票等；

⑸其他服務：送貨上門、沖曬及數碼影像、提供手機充電、出售郵票、複印、傳真、旅遊服務等。

3. 在營業時間上，最初的 7-11 是上午 7 點到夜裏 11 點，後來又增加為 24 小時全天候服務，徹底解除了顧客的消費之憂。

4. 在地理位置上，拋棄許多大型購物中心在遠離都市的郊區建設的弊端，而是把店開到接近社區、接近顧客居住地的位置，顧客步行 7～8 分鐘就可以到達，十分方便。

多年來，7-11 一直都在致力於為顧客提供盡可能大的「便利」，

既然如此之「便利」，那麼 7-11 在眾多便利店以及巨型零售店、超市、商場等的包圍中脫穎而出，就是必然的事情了。

再來看看德國麥德龍(Metro)的會員制營銷吧。在麥德龍超市店的門口豎著這樣一塊告示牌，上面寫著：謝絕非會員入內，任何一個顧客想要進去看看，得先成為它的會員。猛一看，真是匪夷所思，因為別的店都生怕顧客不來，而麥德龍竟然拒不接待非會員的顧客！為什麼呢？其實這就是麥德龍的特色，因為它有自己特定的服務對象，亦即其特定的服務對象是具有法人資格的中小批發商、零售商、餐館，法人單位只需憑營業執照原件就可成為會員，不需交納會員費，它走的是專營、深度營銷，而不是通吃、寬度的營銷策略。因為麥德龍的會員會享受到非常好的優惠條件，例如不論購物多少，一律以批發價計算等，而麥德龍也以給顧客帶來「利潤」作為自己的核心目標。如此，雖然成為其會員也是要有一定的條件的，例如主要應是具有法人資格的如下四大類：餐飲類企業；中小型零售商；需要原材料的經營類企業，例如工廠、小店面、夜總會等；以及需要原材料的非經營類機構，例如政府、學校、各種聯合會等。但由於麥德龍的顧客利潤目標，一些大批量的團購者和甚至個人都積極加入麥德龍的會員。

除了專業會員制之外，麥德龍的其餘一些運營方式也獨具特色，例如現購自運(Cash & Carry)，亦即顧客用現金付款並自己負責運輸，不過，這個 20 世紀 60 年代提出的概念現在也做出了適當調整，如今也可以用信用卡消費，如果需要，麥德龍也會給專業客戶提供相關的運輸服務；透明發票，亦即其給客戶開具的發票會詳實、準確、清晰地記錄所有交易的實際內容；不准 1.2 米以下的兒童進入賣場；自建店，亦即麥德龍不租賃，只是購買並擁有店的產

權等。

　　儘管社會上對於這些特色存在著一些爭議，但一個事實就是，麥德龍集團是歐洲第三大、世界第五大貿易和零售集團，位於當今世界 500 強的前 50 位，2002 年營業額高達 515 億歐元。

8 特許連鎖經營要實現統一

　　特許連鎖經營的優勢根源之一就在於它的「複製」與「統一」，這是特許連鎖經營的最大特點。因此，各個單店在模式上的統一是無可爭辯的事情。

　　經營「統一」的優點，可以體現在如下幾個方面。

　　1. 統一本身可以產生強大的廣告效應。處處可見統一的形象，不斷的重覆性刺激，可以產生很好的廣告效果。

　　2. 統一可以節省複製成本。如果各個單店的模式都不同，為眾多的單店各自設計一套 CIS，將是一件非常辛苦、耗費大量資源的工作。

　　3. 統一可以確保特許人開發出來的經實踐驗證是非常有效的模式，能夠在受許人那裏同樣取得成功。

　　4. 統一使各個單店之間有命運共同體的意識，從而有利於激發協作團隊意識，使諸多受許人和單店之間互相促進而不是互相拆台。

　　5. 統一降低了對外界採購的成本。大量的採購使得採購人的談判處於明顯的優勢地位，可以為整個體系的所有受益者帶來利益。

6. 統一有利於標準化、簡單化、專業化這個特許連鎖經營體系最基本的「3S」原則的貫徹實施與推廣、深化。

7. 統一所產生的一榮俱榮、一損俱損的客觀局面，使得特許人和受許人都把為顧客提供優質的產品作為自己的責任，因為個別單店的劣質產品不但會遭到顧客的反對，就是體系內的「自己人」出於自己的利益考慮也會強烈反對，所以這就在客觀上對社會公眾產生了利益。

8. 統一可以使特許人開發出的工業產權和/或知識產權迅速被複製到各個受許人那裏，從而大大提高整個體系改善、創新的速度和效率。

9. 統一使得特許人對於龐大體系的管理、考核與監督變得輕鬆，從而也提高了整個體系運營的效率。

10. 統一使各個受許人能感受到來自特許人的公平待遇，這將減少受許人與特許人之間以及受許人相互之間的猜疑，更有助於整個體系的穩定、團結發展。

既然特許連鎖經營體系的統一性方面有如此多的優點，那麼，究竟一個特許連鎖經營體系應該在那些方面達到統一呢？其體系的統一應該分為兩類：必須的統一(necessary unification)和可選擇的統一(selective unification)。作為企業而言，正確的做法是把這兩者巧妙靈活地結合起來，不能太過機械化地思考。例如星巴克就是這方面的典型之一，其在 VI 上所堅持的就是必須的統一和可選擇的統一相結合的原則。具體而言就是，星巴克店的外觀可以不完全相同——可選擇的統一，但內部裝修卻要嚴格地配合連鎖店統一的裝飾風格——必須的統一。在外觀方面，據瞭解，全世界所開出來的星巴克店鋪都是在星巴克的美國總部進行設計的，星巴克在那

裏有一個專門的設計室和一批專業的設計師和藝術家。他們在設計每個單店的時候，都會依據當地每個商圈的特色、意圖設店的建築物的既有風格、目標顧客的特徵等，然後去思考如何把美國星巴克的文化融入其中。所以，除了招牌統一之外，世界各地的星巴克的每一家店都是各具特色。例如上海城隍廟商場內的星巴克就像座現代化的廟，而瀕臨黃埔江的濱江分店則表現為花園玻璃帷幕和宮殿般的華麗等等，這與傳統的特許連鎖經營強調所有門店的 VI 高度統一的原則截然不同。

統一指的是對於所有的特許連鎖經營體系而言都要求統一的方面，這是特許連鎖經營模式本身的特性所決定，也是特許連鎖經營模式對企業的基本要求。不能達到這些基本方面的必須統一，一個體系便不是真正的、完善的特許連鎖經營，至少，這種經營模式不能完全充分發揮商業模式特許連鎖經營的諸多優勢。

通常，這些必須的統一包括如下內容：

1.統一品牌

這是最基本的統一，如果各個單店的品牌都不能統一，它們肯定不是特許連鎖經營。

2.統一 CIS

所謂單店的複製，複製的就是這些 CIS 所包括的內容，具體就是 MI、BI、VI、SI、AI、BPI 這六個部份。注意，之所以說是統一大部份內容，意思是，單店之間的 CIS 也可以有些許差異，例如前文描述的星巴克。

3.統一經營模式

現在的商業模式特許連鎖經營之所以能在 19 世紀中葉的時候迅速戰勝其餘的產品特許連鎖經營、生產特許連鎖經營等而成為特許

連鎖經營模式中的主流，就是因為其在經營模式上的「統一」優勢，這一點也是其區別於其他形式特許連鎖經營的基本點。

4.統一培訓

每個單店，尤其是加盟店的日後運營方式、技術、理念等都是特許人培訓的結果，同一個老師尚能教出完全不同的學生，而分散的、凌亂的培訓就更難保證產生統一化的結果了。因此，為了使各單店真正「複製」總部即特許人開發出來的「原版」模式，他們必須接受統一的培訓，這是加盟店運營前和運營中維持統一特性的保證。統一的培訓指的就是在培訓的內容、教材、教師、方法、理念、時間等方面，各個受訓人接受的是一套統一的信息。

5.統一產品

特許連鎖經營的本質之一或其原始本質之一就是作為一種更好的營銷方式，它是為了銷售某種或某些產品或服務而產生的，特許連鎖經營體系要通過它的諸多單店，向其廣泛的顧客傳達本體系的相同產品，而不是各自賣自己的東西。而且，在顧客的眼中，一個特許連鎖經營體系通常對應著其固定的產品，例如提到肯德基，大家想到的都是肯德基家鄉雞，所以，產品的統一是特許連鎖經營體系的必須統一。

6.統一服務

服務作為單店提供統一產品的輔助手段，它本身也是廣義產品的一部份，並被計入產品的價值之中，不同的服務必然導致廣義的產品不同，這就違反了產品統一化的原則，所以，特許連鎖經營體系的服務模式也要求是統一的。

7.統一管理

特許連鎖經營體系是一個在地理區域上廣泛鋪開的網路，需要

各單店、各受許人團結一致、通力協作,在這個範圍廣而又有著許多統一性要求的體系中,沒有統一的管理是很難想像的,所以,特許連鎖經營體系必須實行統一的管理。

另外一種統一的類型就是可選擇的統一,它指的是這些統一的方面並不是特許連鎖經營本身的特性使然,各個特許人可以根據自己的實際情況,決定是否需要採用這些統一。

8.統一配送

例如某些在單店的當地可以就近買到的無關「統一」大局的原材料,就沒必要實行統一的配送。強行的統一配送不但不會體現特許連鎖經營的優勢,還會造成不必要的浪費。

同其他連鎖企業不同的是,7-11 便利店總部就不實行商品的總部統一採購和配送,它也沒有總部配送中心,它採取的做法是集約化的區域配送體系。7-11 按照不同的地區和商品群劃分,組成共同配送中心,由該中心統一集貨,再向各店鋪配送。通常,7-11 會指定一個受委託的批發商來負責若干銷售活動區域,並經營來自不同製造商的產品。地域劃分一般是在中心城市商圈附近 35 公里,其他地方市場為方圓 60 公里,各地區設立一個共同配送中心。

9.統一廣告

各個單店的實際地區狀況千差萬別,統一化的廣告對受許人而言是不公平的,可能還會人為地造成好的更好、壞的更壞的「馬太效應」。

10.統一採購

某些非關鍵的設備、工具、裝飾裝潢材料、產品原材料等可以指定一定的約束條件,而由受許人自己去採購,這樣可能會更節省費用,也在某種程度上減少了特許人利用統一採購的權利為自己謀取

私利的機會。

　　例如，在商品採購上，7-11 便利店總部只是向加盟店定期提供各種商品的標準價格、供貨廠家的促銷資訊、供應資訊等供加盟店選擇。加盟店可以根據當地市場的實際狀況，自行決定供貨廠商、採購商品、出售價格等。但是，如果加盟店向推薦名單以外的廠商進貨，那麼加盟店在採購商品前，必須要提前通知總部並獲得總部批准。7-11 所採取的這種菜單式、非統一的採購方式，最大限度地激發了各加盟店的積極性，也更加切合當地消費者的需要。

11.統一價格

　　不同地區的發展水準不同，價格當然也不能完全一致，麥當勞也注意到了這點，以單個產品為例，巨無霸在北京市場定價為 10.4 元，而在深圳定價為 10.8 元，這顯然是因為深圳市場消費能力和可承受價位較北京更高。日本大榮公司各店價格也不一致，商店所處位置、目標顧客、競爭對手價格、商品庫存量、銷售時機、顧客需求、社會流行變化等等都會影響價格的水準和幅度，大多數商品價格是由總公司商品部採購員決定的，價格制定有一個不變的法則是：地點就是零售業的一切。特許人在這方面應靈活應對，太過僵化的統一只會影響企業的發展。一個高水準地區的產品在落後國家賣同樣的價格，有多少顧客會感興趣呢？

12.統一設備

　　有些非關鍵的設備是沒必要統一的，而這一點通常會成為特許人強行推銷其設備的藉口，或甚至成為某些生產設備的企業做特許連鎖經營的原因，關於設備的強行統一已成為國外有些特許連鎖經營法律所明文規定禁止的內容，應引起受許人的注意。

13.統一產品類別與數目

一個特許連鎖經營體系內可能會有許多種產品，但一些單店內的暢銷品可能並不適合在其餘單店出售，例如那些很有地方特色（在價格方面、在適應民族習慣方面、在社會風俗認同方面等）的產品，就沒有必要將全部體系統一。特許人可以事先開發出一套產品系列，然後由特許人指導各個加盟商根據實際情況，從這個系列中選出可以在該受許人的單店進行銷售的產品，這樣就既保證了產品的統一性，又充分考慮了各個受許人的實際情況。

特許人應該原則性地堅持必須的統一，以確保特許連鎖經營本身優勢得以最大化發揮，但同時還應在特許連鎖經營企業實際運營中，靈活地確定那些可選擇的統一，亦即統一的規定可以依據當地具體條件而改變，例如麥當勞、肯德基，商品價格依據當地實際情況有所變化，VI 的色調根據當地情況進行些許修正等。只有正確地認識和把握好了統一和非統一的關係，才能使特許連鎖經營企業借助特許連鎖經營模式，實現財富的真正複製與擴張。

心得欄

----

9 營運手冊的編寫原則

1. 應突出特許連鎖經營的本質

有人說，特許連鎖經營就是對企業的「複製」，因此稱特許連鎖經營企業為「複製企業」，這種理解本身沒錯，但是很多企業卻對此理解得不夠徹底和精確。

首先，應該承認，特許連鎖經營模式確實是一種「複製」，而其中最重要的就是企業文化的「形同」與「神同」，但特許連鎖經營的企業之間不僅要做到「形同」（不是有人說的「形似」），更要做到「神同」（也不是有人說的「神似」）。也就是說，各特許連鎖經營的企業（店）之間首先應該將特許人或盟主的企業文化全部吸收過去，然後再按各受許人所在區域特點進行必要的本土化，而不能只取其中的視覺（VI）和制度或行為（BI）層面部份，而丟棄了企業文化的核心──理念部份（MI）。因此，企業必須做到既要「形許」，更要「神許」。「形許」是表面的淺層次的特許連鎖經營，比較容易學習和複製；而「神許」則是本質上的深層次的特許連鎖經營，需要特許連鎖經營企業認真刻苦地學習與體會。只有「形許＋神許」才是真正意義上的「特許連鎖經營」。

其次，許多特許人或盟主在招募受許人（加盟商）或受許人（加盟商）在選擇特許人或盟主時，往往會掉到引誘或被引誘的諸如「圓您老闆夢」、「幫您發財」等等極富蠱惑力的詞語陷阱中。必須承認，「合作發展，共鑄雙贏」作為特許連鎖經營企業的經營方針和魅力之一

是無可厚非的。但是，如果特許連鎖經營的雙方僅僅把眼光和思維聚焦在狹隘的利益關係和契約上，則必然會導致特許連鎖經營企業的畸形發展。即使短期內沒有問題，長此以往，特許連鎖經營體系也必將因追求單純的「利」而危在旦夕。因此，對特許連鎖經營的雙方而言，加盟既是一種法律上的契約式合作，同時更是一種事業與友情的共同發展。所以，雙方不僅要強調「利許」，還要強調「情許」。無「情」之利只能短期存在，有「情」之利才能長久穩定、健康地發展下去。

另外，由於各種複雜的原因，一些企業或經營者還常常會用急功近利的心態來對待特許連鎖經營。因為特許連鎖經營一般都是有一定期限的，所以無論特許人或盟主還是受許人(加盟商)，都可能存在著「撈一把就走」、「見好就收」的不負責心態。這種心態表現在特許連鎖經營中，便是特許連鎖經營的雙方或一方注重的是短期內的純利益式的「合作」，而不去考慮長期合作所給雙方帶來的真正「雙贏」，這就人為地增加了特許連鎖經營雙方的風險，也增大了「雙敗」的機率。因此強調特許連鎖經營關係或加盟關係的長期效應，即從「短許」變為「長許」，應該引起特許連鎖經營雙方的高度重視。

最後，特許連鎖經營企業的雙方還必須重視「硬許」與「軟許」的結合。

所謂「硬許」，是指雙方「硬體」方面的特許連鎖經營或複製，例如 LOGO、裝修外觀、內部裝潢、設備、原材料、產品、組織架構、操作程序、MIS 軟體系統等。「硬許」強調的是形式、實體或性能上的一致性，比較簡單、機械、一般短期內即可做到。

所謂「軟許」，是指軟體方面的「複製」，例如企業經營服務的技術、制度、理念等主觀和抽象的東西，這種「複製」比較複雜、

有一定難度，而且往往在短期內很難做到或做好。

綜上所述，就是特許連鎖經營的雙方在實際操作時必須遵守其「四項基本原則」，即「形許＋神許」、「利許＋情許」、「短許＋長許」和「硬許＋軟許」。四項原則相輔相成，它們共同構成特許連鎖經營系列操作手冊編寫時的四個主要和基本的指導方針。在編寫特許連鎖經營手冊的時候，必須把這四個原則切實貫徹到整個特許連鎖經營系列操作手冊之中。只有如此，才能保證特許連鎖經營手冊的效果和初衷得以實現。否則，再詳細、再精密的手冊也只是華而不實的一堆廢紙而已。

2.要具有實用性

作為指導受許人（加盟商）日常經營「憲法」的手冊，它既是特許人監督對方的依據，更是指導受許人（加盟商）經營操作實戰的兵法和聖經，因為受許人（加盟商）所有關於經營的技術、方針、制度、方法等，幾乎都可以或必須從手冊中找到依據和標準。所以，特許連鎖經營系列操作手冊一定要有很好的讀者介面，方便讀者選擇性地閱讀、學習、查找和使用。

首先，系列手冊應按照一定的標準進行分類。例如根據使用者的不同，可以分為受許人（加盟商）用手冊和特許人或盟主自用手冊；按照手冊的內容，可以分為《招商加盟指南》、《受許人（加盟商）營建手冊》、《開店手冊》、《營運手冊)、《法律文件手冊》、《商品手冊》、《培訓手冊》、《督導手冊》等。

其次，單本手冊的謀篇佈局要合理，最好按照使用者的習慣、偏好或容易接受的規律、邏輯等編排各章節。例如在編寫《開店手冊》時，就可以按照開店的時間順序排列各章節內容。這樣，受許人（加盟商）在閱讀時就可以有條不紊、按部就班地依次完成開店所

需的各項工作，而不會產生混亂。

最後，在單本手冊的每個具體章節上，也要有明顯的標題、導讀、索引註解或說明之類文字、圖案或標誌等多種編輯手段，以方便使用者迅速掌握和到達所要使用的部份，例如我們可以靈活地運用字體的大小、粗細、間距、形狀等來區分重點和非重點。

總而言之，編寫手冊時一定要有這樣的意識：手冊的目的是給人看的，必須為用而編，不能為編而編或編而不為其用。

另外，一些特許連鎖經營企業常常喜歡過度包裝手冊而忽視其實用性。在一些招商加盟的會展上，經常看到有些企業把印刷與裝幀得十分精美的手冊厚厚地堆在展台最顯眼的地方。給人的感覺或他們想給人的感覺是他們的企業確實有「份量」與「內涵」，然而，那些手冊的內容是否和外表一樣精美、是否方便實用或甚至手冊裏面到底有沒有文字，還是純粹的空白就不得而知了。

無論如何，有一部份手冊（例如《營運手冊》、《商品手冊》等）和所有手冊的部份內容應該是企業經驗的總結，是企業全體員工在長期艱苦的經營實踐中用努力和汗水積聚起來的「金典法則」，它的來源與去向都是特許連鎖經營企業經營的最前沿陣地，而決不是理論的堆砌和簡單的模仿臆測。

所以，作為特許連鎖經營企業經營靈魂指導「憲法」的系列操作手冊，既要便於使用，又要注重實用，決不能是花架子。否則，不便於使用的手冊即使內容再好也無法發揮它應有的效果，不實用的手冊在欺騙受許人（加盟商）的同時，也給自己事業的失敗埋下了一顆定時炸彈。

3.既要能準確表達，又要有保密意識

受許人（加盟商）用手冊的目的就是要讓受許人（加盟商）學會並

應用特許人或盟主的一套獨特的經營手段、方法、技術、理念等，因此，手冊內容用著重、詳細地介紹特許人或盟主經營的訣竅和獨到之處，即所謂的「神許」之「神」，以使受許人（加盟商）能快速、準確、全面地掌握特許人或盟主的這些訣竅和獨到之處，使特許連鎖經營體系在統一、同一和標準的狀態下運行。

　　但同時，因為特許人或盟主的這些經營訣竅和經驗是特許人經過長期艱苦的探索和研究，甚至是用巨大的代價才換來的，而這些訣竅和獨到之處一旦被另一個企業或個人所掌握，就可以立即在另一個企業或個人身上產生同樣神奇的增值效果，並因而給原特許人帶來不可挽回的巨大損失甚至是滅頂之災。因此，無論是從工業產權和/或知識產權的角度出發，還是從保護特許連鎖經營企業的生存和發展的競爭角度講，那些易被模仿、洩露，同時又是特許連鎖經營企業經營核心機密的部份，不能被編入手冊交給受許人（加盟商），而只能供特許人自己使用。如果非要編入，也要使用一些巧妙的規避手段。也即手冊的編寫者在編寫過程中，要有足夠的保密意識。

4.樹立變化觀念，編寫動態手冊

　　手冊所記載或描述的是特許人自己經驗的積累和昇華，它們或是專利性的技術，或是先進的定價技巧，或是高超的促銷手段，或是科學的物流配送體系，或是合理的顧客服務戰略，等等。

　　企業、市場、產品、經營管理以及消費者等各個影響企業運營效果好壞的因素，都是處在不斷的變化之中，真正取得成功的企業也必定是能不斷適應外在變化的企業。任何企業都處在時刻變化的環境之中，任何企業都必須、必然地隨外在環境的改變而改變自己的經營方針和戰略戰術。因此，作為企業經營方針、戰略戰術的經

驗總結的系列手冊，其內容也決不是一成不變的。相反，手冊的內容應該不斷、及時地進行調整、修改與增刪，使手冊真正起到作為特許連鎖經營體系這台超大機器的驅動軟體的作用，而不能讓手冊成為束縛特許連鎖經營企業發展壯大的桎梏。

為此，手冊的編寫者與維護者一定要樹立變化觀念，編寫動態手冊。這裏的動態手冊有兩層意思：一是指手冊在某階段最終定稿前，其內容必須是最新的。也就是說，在某階段提交印發的手冊應該是截止到該階段為止的最新內容的反映。動態手冊的另一層意思是指某階段的系列手冊編印完畢後，應該由專人及時、不斷地更新維護手冊內容，使其不斷完善，待更新積累到一定時日或數量後，再決定是否編印替換新一階段的手冊。

如此下去，特許連鎖經營企業的手冊便始終是一套充滿活力的手冊，它自身充滿活力，也必將給整個特許連鎖經營體系的發展壯大帶來永遠的活力！

10 （案例）中華麵點王連鎖店

中式餐飲連鎖最大的障礙就是難以標準化。如果說中式餐飲連鎖企業不能讓廚房生產流程標準化，就很難談連鎖，即便掛著連鎖的牌子，也只是名義上的連鎖而已。

深圳麵點王公司成立於 1996 年 11 月，以經營中國傳統的麵食為主，以白領階層和家庭消費群體為市場定位目標，現已發展成為

年銷售額超億元、擁有 50 多家直營連鎖分店的現代大型中式速食連鎖企業，並榮獲「中華餐飲名店」、「最具影響力深圳知名品牌」等多項榮譽稱號。

麵點王的成功主要是其突破了中式連鎖速食的發展瓶頸——標準化問題。麵點王是如何解決標準化問題的呢？

一是店面形象管理。麵點王所有的店面都是簡單、明快的統一裝修風格，以傳統的樣式和簡潔的八仙桌、木椅為主，突出了國人喜歡團圓、圍坐的心理特徵。

二是商品供應鏈管理。首先是食品的原材料都有專門的廠家，而且所有原料都由倉庫、調度室和生產人員三方共同驗貨，並保持一致的驗貨標準及流程。再看生產，其菜、面、粥共計 130 多個品種的 80%已經實行了標準化管理：一斤面做多少個水餃，一斤米煮多少碗粥等都有嚴格規定；分店的出品都要在指定售賣時間出售，過期必須倒掉。在這方面有一個「十不准」條例，專門來規定食品的使用期限。

三是營運系統管理。麵點王對整個營運系統制定了相對完善的流程與標準，更主要的是一直貫徹執行到位。如對人的管理方面，新員工幾乎都是從內地招進的大中專生，上崗前要進行半個月的專門培訓，上崗後實施老員工帶新人；店內員工統一著裝、統一髮式、統一用語。

這樣的運作模式帶來的是顧客與員工之間的和諧服務與消費，帶來的是衛生、文明、效率和品牌，也帶來了麵點王連鎖事業的健康快速發展。

第 二 章

如何撰寫連鎖業營運手冊

1 手冊的類別

1. 按主要使用者劃分

在瞭解此類劃分之前必須要知道的是：有些手冊並不僅僅限於某一或幾類使用者，而是可以幾方共用的，例如同一本手冊可能既屬於總部手冊，也屬於單店手冊。

(1)加盟指南：又稱為招募文件、招商指南等。是由特許人編寫並向潛在加盟商群體公佈的精練、概括地介紹自己特許經營體系狀況並吸引潛在受許人加盟的文件，受許人可以根據招募文件的資料大致地瞭解特許人的狀況，並按照上面的聯繫方式(電話、傳真、E-mail、地址、申請表等)與特許人進行進一步的加盟商談。

通常，特許人會將其印刷成非常精美的小冊子或彩色折疊紙，目的是引起潛在加盟商對本特許經營體系的興趣。其主要內容是對

本特許經營體系的全面性概略介紹，可分為三大部份：正文文字、圖案和通常被作為附件的加盟申請表。

(2)總部手冊：是總部為了特許經營體系的良性運轉而編寫的，對於特許經營總部的運營、管理等方面的工作進行指導和規範，是特許人自己進行特許經營體系運營與管理的依據。

其使用者主要為總部或特許人，必要時可以將部份交由受許人或加盟商使用，例如總部關於產品知識、公司介紹等方面的手冊。

(3)分部或區域加盟商手冊：是指導分部或區域加盟商如何在所特許區域開展工作的指南，其內容主要是描述分部或區域加盟商如何開展工作的原則、流程和具體的工作內容等。

其主要使用者為分部或區域加盟商。

(4)單店手冊：單店手冊包括一個單店建設前、建設中及建設後的所有工作內容、流程、工具和步驟等，是單店全部運營活動的指導和規範。

其使用者是所有特許經營體系中的單元店，包括總部、分部的直營店和加盟店。

2.按主要形成來源劃分

按照手冊的編寫方法或內容的主要形成來源不同，可以把特許經營的手冊分為三大類。

(1)設計型手冊。在這類手冊的編寫中，設計佔主導，經驗提煉總結起輔助作用。對這樣的手冊而言，特許人企業事先是沒有多少經驗之談的，手冊編寫依賴的主要是特許人的創造力或設計力。

(2)總結型手冊。在這類手冊的編寫中，經驗提煉總結佔主導，設計起輔助作用。也就是說，手冊內容的編寫更多的是對特許人經驗的總結、提煉和昇華，是過去的經驗在今天的積累，當然這並不

排除特許人在總結過去的基礎上有所創新和改進。

(3)混合型手冊。在這類手冊的編寫中，經驗提煉總結與設計各自所起的作用主次區分不明顯。

需要特別注意的是：所有手冊的編寫都必然需要設計和經驗提煉總結兩種方法，缺一不可，上面的分類方法只是強調某種方法的比重差異。

對不同的企業而言，同一手冊可能分屬不同的類型。例如對於單店的《單店常用表格》的編寫，那些以前曾實際使用過大量類似表格的企業，該手冊就屬於總結型，否則就屬於設計型或混合型。

3.按具體內容劃分

按照手冊的具體內容，可以把手冊劃分成更詳細的類別，例如《公司介紹手冊》、《MI 手冊》、《BI 手冊》、《VI 手冊》、《SI 手冊》、《AI 手冊》、《BPI 手冊》、《特許權要素及組合手冊》、《單店開店手冊》、《單店運營手冊》、《單店常用表格》、《單店店長手冊》、《單店店員手冊》、《單店技術手冊》、《單店制度彙編》、《分部運營手冊》、《總部總則》、《總部人力資源管理手冊》、《總部行政管理手冊》、《總部組織職能手冊》、《總部財務管理手冊》、《總部商品管理手冊》、《總部產品知識手冊》、《總部樣板店管理手冊》、《總部物流管理手冊》、《總部資訊系統管理手冊》、《總部培訓手冊》、《總部市場推廣管理手冊》、《總部產品設計管理手冊》、《總部產品生產管理手冊》、《加盟指南》（含「加盟申請表」）、《加盟常見問題與解答》、《總部招募管理手冊》、《總部營建管理手冊》、《總部督導手冊》、《總部銷售管理手冊》、《總部CI 及品牌管理手冊》等。

4.按內容表現形式的歸屬來劃分

按內容表現形式的歸屬可分為結論型手冊、方法型手冊和原因

型手冊等三個基本類型。

手冊的內容應當是「What」(告訴讀者是什麼,即結論型手冊)、「How to」(告訴讀者如何做,即方法型手冊),還是「Why」(告訴讀者原因。即原因型手冊)呢?

答案就是:不同的手冊應分別採取不同的內容安排。有的手冊可能絕大部份內容只屬於其中一種,但更多的手冊則上述三種內容都有,只是各自所佔比例有所不同而已。

2 手冊要在招募加盟商之前編妥

從經營的角度看,特許人企業在實施特許經營前若沒有編寫系列手冊,至少會出現下列情況:招募加盟商時缺少一個強有力的支持,招募人員會各執一詞,對加盟商的培訓沒有教材和依據,加盟商沒有運營指導和標準,特許經營體系本身不規範,加盟店的複製沒有原型等。如此,特許經營體系的成功擴張就很難成功。

從法律的角度看,特許人企業在招募加盟商前若沒有系列手冊,則特許人向受許人「……提供代表該特許經營體系的營業象徵及經營手冊」的法律義務就無法履行。對於外商投資企業,在招募加盟商之前,編寫好特許經營手冊,還是其申請開展特許經營業務的必要前提條件。

從手冊本身而言,縱然有的手冊可以在招募加盟商的同時或之後進行,但因為手冊之間的「配套」性即完整一體性,後來編寫的

手冊可能會與前面的手冊不一致，而一旦前面的手冊內容已經告知加盟商了，在短期內所作修改尤其是矛盾性的修改，會引起加盟商對於特許人的信任危機。而且，手冊的編寫需要一定的時間和資源投入，臨時抱佛腳的匆忙之作只能應付，不能起到真正的手冊的指導、規範、監督、考核的作用。

對一個特許經營體系而言，手冊絕不是可有可無的裝飾品，而是在招募加盟商前的「必需品」，是準備在特許經營市場上衝鋒陷陣用的「槍支彈藥」。槍彈沒準備好，怎能上陣呢？

每本手冊的編寫開始階段都不盡相同，它因不同的手冊、不同的特許經營體系構建階段、不同的人員資源狀況、不同的需求緊迫度、不同的資源投入等而有所不同。因此，系列手冊的編寫是一個系統性的工程，需要經過企業的項目規劃來一步一步地實施，而不是一蹴而就的事。

下面結合構建特許經營體系的五步法，分別介紹不同手冊在常規下的編寫情況。具體到每家企業，則需要根據實際情況來做。

表 2-2-1　特許經營體系構建五步法與編寫手冊的對應關係

步驟	項目名稱	開始編寫手冊名稱	序號	按主要使用者歸屬	按主要形成來源歸屬
第一步 特許經營準備	成立項目組及編寫特許經營工程總體戰略規劃				
	內部調研				
	外部調研				
	特許經營工程可行性分析報告暨特許經營戰略規劃	《公司介紹手冊》	1	總部手冊	總結型手冊

續表

	培訓與學習				
第二步 特許經營理念導入和體系基本設計	CIS 設計或整理提煉	《MI 手冊》	2	總部手冊 單店手冊	混合型手冊
		《BI 手冊》	3	單店手冊 總部手冊	混合型手冊
		《VI 手冊》	4	單店手冊 總部手冊	設計型手冊
		《SI 手冊》	5	單店手冊 總部手冊	設計型手冊
		《AI 手冊》	6	單店手冊 總部手冊	設計型手冊
		《BPI 手冊》	7	單店手冊 總部手冊	混合型手冊
	特許權設計	《特許權要素及組合手冊》	8	總部手冊	設計型手冊
第二步 特許經營理念導入和體系基本設計	單店設計	《單店開店手冊》	9	單店手冊	總結型手冊
		《單店運營手冊》	10	單店手冊	總結型手冊
		《單店常用表格》	11	單店手冊	總結型手冊
		《單店店長手冊》	12	單店手冊	總結型手冊
		《單店店員手冊》	13	單店手冊	總結型手冊
		《單店技術手冊》	14	單店手冊	總結型手冊
		《單店制度彙編》	15	單店手冊	總結型手冊
	區域分部設計	《分部運營手冊》	16	分部或區域加盟商手冊	設計型手冊
	總部設計	《總部總則》	17	總部手冊	設計型手冊
		《總部人力資源管理手冊》	18	總部手冊	設計型手冊
		《總部特政管理手冊》	19	總部手冊	設計型手冊
		《總部組織職能手冊》	20	總部手冊	設計型手冊
		《總部財務管理手冊》	21	總部手冊	設計型手冊
		《總部商品管理手冊》	22	總部手冊	設計型手冊

第二步 特許經營理念導入和體系基本設計	總部設計	《總部產品知識手冊》	23	總部手冊	總結型手冊
		《總部樣板店管理手冊》	24	總部手冊	混合型手冊
		《總部物流管理手冊》	25	總部手冊	混合型手冊
		《總部資訊系統管理手冊》	26	總部手冊	設計型手冊
		《總部培訓手冊》	27	總部手冊	設計型手冊
		《總部市場推廣管理手冊》	28	總部手冊	設計型手冊
		《總部產品設計管理手冊》	29	總部手冊	總結型手冊
		《總部產品生產管理手冊》	30	總部手冊	總結型手冊
	特許經營管理體系整體設計	……			
第三步 特許經營管理體系的建立	樣板店建立、試運營及完善單店手冊	完善單店系列手冊			
	總部及網路體系的建立、試運營並完善總部手冊	完善總部系列手冊			

續表

第四步 特許經營加盟推廣體系的設計和營建	加盟招募相關文件的設計和撰寫	《特許經營單店加盟合約》			
		《特許經營區域加盟合約》			
		《加盟意向合約》			
		《保證金合約》			
		《市場推廣與廣告基金收取使用辦法》			
		《加盟指南》（含《加盟申請表》）	31	加盟指南	設計型手冊
		《加盟常見問題與解答》	32	總部手冊	設計型手冊
		《總部招募管理手冊》	33	總部手冊	設計型手冊
		《總部營建管理手冊》	34	總部手冊	設計型手冊
		……			
	招募營建計劃的制定與實施				
	加盟商培訓				
第五步 督導體系的構建和全面品質管理	督導體系的建立與運動	《總部督導手冊》	35	總部手冊、分部或區域加盟商手冊	設計型手冊
	特許經營體系全面品質管理	《總部銷售管理手冊》	36	總部手冊	設計型手冊
		《總部 CI 及品牌管理手冊》	37	總部手冊	設計型手冊

3 手冊的編寫順序

對於一個嚴格遵循特許經營體系構建法的企業來講，在實際操作中，如果人手和資源充足的話，企業也可以或應該同步進行不同手冊的編寫。

一般來說，企業可參考圖 2-3-1 的順序編寫手冊。

但因為手冊內容之間的承遞性，亦即有些手冊的編寫要以別的手冊的編寫完成為前提條件，所以手冊的編寫流程還是有一個順序的，不過，不同的企業由於其具體情況不盡相同，所以其編寫手法也並不完全相同。

心得欄 ------------------------------

圖 2-3-1　編寫手冊的順序

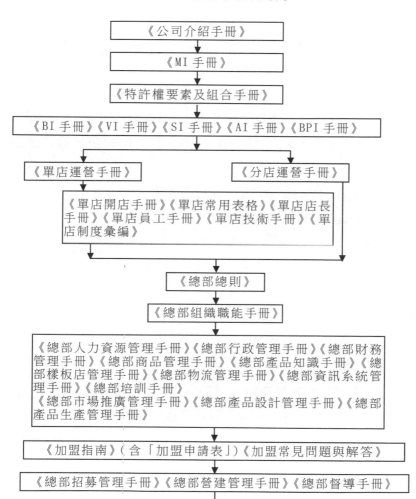

特許營運手冊的編寫計劃

因為連鎖營運系列手冊的編寫是一項龐大的系統工程，所以特許人企業必須在編寫手冊前做一個詳細、科學的規劃，並用項目管理的方法來進行這一工程或項目，以便統籌安排、分工實施。

在編寫系列手冊的工作中，計劃的內容主要有：

1. 確定要達到的既定目標。主要包括編寫的時間、成本、目標狀態等方面。

2. 確定計劃所包含的所有活動。活動指的是計劃實施過程中相對獨立的工作、工序或任務等。

3. 確定實施計劃及完成各項活動的具體方法。例如編寫前、編寫中和編寫收尾時的各項活動及方法的確定。

4. 確定編寫計劃中各活動的邏輯順序（緊前活動、緊後活動及無關活動）以及具體的實施時間（最早開始時間、最早結束時間、最晚開始時間、最晚結束時間、活動的過程時間等）。

5. 確定計劃實施期間的各種資源（人、財、物、資訊等）的需求數量及時間（最早獲得時間、最遲獲得時間及概率）。

需要注意的是，對於一些簡單、常規或重覆性的編寫工作，企業沒有必要制定很詳細的計劃，有時甚至憑經驗就可以直接進行。但對那些複雜的、重要的或首次碰到的編寫工作，企業為了確保項目實施的成功與節省投入，必須在手冊編寫實施前制定較為詳細的計劃。同時，在制定計劃時，必須以調查研究為基礎，在充分掌握

了必要的、可靠的資料與資訊之後，結合編寫手冊的具體特點、條件和要求，才能制定出一份可行、合理與科學的手冊編寫計劃。

制定手冊的編寫計劃一般主要有如下幾個步驟：

1. 定義編寫目標。目標要求清晰、明確、可行、具體和可以度量，能為與編寫有關的人員、部門所理解並贊成。

2. 對手冊編寫進行工作分解(WBS，Work Break Structure)。把編寫分解成工作細目，工作細目繼續分解，直到工作包(work package)亦即最低層的細目為止，並在每一細目旁指明負責部門或個人。有多種形式可以用來表示工作分解結構，例如常用的兩種形式如圖 2-4-1 所示。

圖 2-4-1　流程圖形式的工作分解

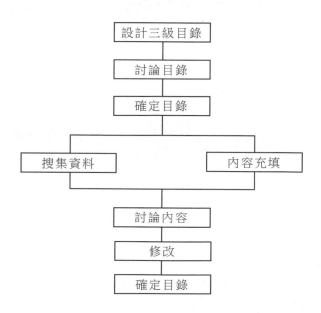

3. 界定活動。即界定對應每一個工作包所必須執行的具體活動，但要注意，活動一定需要消耗時間，但不一定消耗人力，例如等待時間作用的過程等。

4. 繪製網路圖。可以採用雙代號網路模型，也可以採用單雙代號網路模型，主要為表明編寫過程中各活動之間的必要的次序和相互依賴性。

網路計劃模型由三個基本要素構成：節點、枝線(弧)和流，如表 2-4-1 所示。

表 2-4-1　網路計劃模型的基本要素構成

網路計劃模型	節點	枝線(弧)	流
雙代號網路模型，又稱箭杆式網路模型(兩個節點表示一項活動)	各項活動之間的邏輯關係(先後順序等)	組成工程的各項獨立活動(或任務)	完成各活動所需的時間、費用、資源等參數
單代號網路模型，又稱節點式網路模型(一個節點表示一項活動)	組成工程的各項獨立的活動(或任務)	各活動之間邏輯關係(先後順序等)	完成各活動所需的時間、費用、資源等參數

5. 時間與資源估計。主要包括時間的長短和資源的類別、數量等。

6. 對每項活動進行成本預算。成本預算的依據主要是每項活動所需的資源類別和數量。

7. 估算手冊編寫進度計劃及預算。根據編寫要求，是在固定時間下的成本最小，還是在固定成本下的時間最短，亦或要求資源平衡等分別採用網路有關分析技術(例如 CPM 法等)和資源規劃技術，進行項目的時間、成本預算。

8. 排出手冊編寫的進度安排表。在上述估算進度及預算的基礎

上排出編寫活動的進度日程表，表中應明確標出每段時間內發生的活動類別、資源使用狀況（包括人力資源等）以及負責與執行的部門或人員等信息。

在實際應用中，特許人企業可以採用簡單方便的分階段的任務指派單的形式來代替甘特圖。

表 2-4-2　特許手冊編寫第二階段任務指派單

序號	工作任務簡稱	負責人	執行人	要求結果	備註	4/27	4/30	5/1	5/7	5/8	5/9	5/11	5/13	5/15	5/20	5/21	5/22
1	《公司描述手冊》			提交文本	第一階段未完工作	▓	▓										
2	《產品、技術手冊》			提交文本	第一階段未完工作	▓	▓										
3	《MI 手冊》			提交文本	第一階段未完工作	▓	▓	假期									
4	《SI 手》			提交文本	第一階段未完工作					▓	▓	▓	▓	▓			
5	《VI 手冊》			提交文本	第一階段未完工作					▓	▓	▓	▓	▓	▓	▓	▓
6	《單店開店用冊》		目錄	提交文本	三級						▓						
			內容	提交文本	向營建部人員請教						▓	▓	▓				
			確定	提交文本	討論修改定稿									▓	▓		

續表

序號	工作任務簡稱	負責人	執行人	要求結果	備註	4/27	4/30	5/1	5/7	5/8	5/9	5/11	5/13	5/15	5/20	5/21	5/22
7	《單店運營手冊》			目錄 提交文本	三級												
				內容 提交文本	向樣板店人員請教												
				確定 提交文本	討論修改定稿												
8	《單店店長手冊》			目錄 提交文本	三級					■							
				內容 提交文本	向營樣板人員請教						■	■	■				
				確定 提交文本	討論修改定稿								■	■			
9	《單店店員手冊》			目錄 提交文本	三級					■							
				內容 提交文本	向樣板店人員請教						■	■	■				
				確定 提交文本	討論修改定稿								■	■			
10	《單店制度彙編》			目錄 提交文本	三級					■							
				內容 提交文本	向樣板店人員請教						■	■	■				
				確定 提交文本	討論修改定稿								■	■			

5　手冊的編寫流程

具體到編寫某一本手冊時，按照時間順序可以把手冊的全部編寫流程劃分為五個大的階段：確定目錄、編寫內容、確定初稿、實際驗證、持續修改。每個大階段中又分別有進一步的細化工作，如圖 2-5-1 所示。

1. 確定文案架構

編寫手冊時，一定要記住的一句話就是：即使是目錄，它也需要在手冊的編寫流程中永遠不斷地修改與完善。在最初編寫時，在目錄沒確定(或基本確定)之前，不要忙著撰寫手冊的內容。

設計目錄的過程猶如設計一個房子的圖紙或搭建房屋框架，編寫內容的過程猶如在實際施工或添磚加瓦，持續修改的過程則猶如房子的持續性修繕。所以，在圖紙或房子的大致框架確定之前，盲目胡亂地添磚加瓦是沒有任何實際意義的。

為了編寫內容時更快捷、更節省成本、少出錯誤、避免眾多手冊之間的重覆等，編寫人必須高度重視手冊目錄的設計、討論和確定工作。可以毫不誇張地說，目錄的好壞決定了手冊的好壞，好的目錄等於成功了一半。

為了使以後手冊內容的編寫過程更加有針對性和有據可查，目錄的設計最好能細化到三級的層面。這樣的好處是，在手冊隨後編寫內容的工作中就會思路清晰，編寫起來就會更輕鬆，因為這時編寫者的編寫工作實際上就像做填空題。

圖 2-5-1 一本手冊的編寫流程

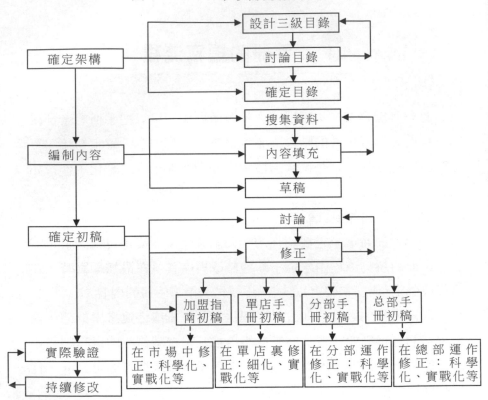

2.編寫內容

編寫內容的工作需要廣泛地搜集資料，尤其是企業及其所在行業的「自己的」、獨有的資料而不是那些「通用性」的資料。所以，拜訪有實戰經驗的人、做市場調研、親身體驗、實戰模擬、參考競爭對手以及自己的創造性整理、分析、設計等手段，都是不可缺少的。

需要注意的是，在編寫內容的過程中有可能發現第一步制定的

目錄不盡完善，所以此時應該及時對目錄進行修改。

此階段的目標是要形成手冊基本定型的草稿。

3.確定初稿

在內容編寫完畢之後，手冊的編寫工作便進入到了完成初稿的階段。

此階段的主要任務就是召集相關人員就手冊初稿內容進行討論，然後根據討論的結果對手冊進行修改，改完後再討論，再修改，直到大家都對手冊沒有異議為止。

此階段的工作更多地像是在「閉門造車」，因為大家都只是憑藉經驗、知識、判斷等主觀性的手段來編寫手冊的內容。

最後確定的手冊便是手冊的第一個版本，我們稱之為手冊的初稿。

4.實際驗證

有了手冊的初稿之後，接下來的任務便是在實際中進行真刀真槍地演練了。為了使手冊的實際驗證效果更好，企業可以採取在實際操作中運用和實戰模擬兩種方法，兩種方法各有利弊。前一種方法的利是驗證效果完全貼合實際，弊是可能會對實際經營造成損害並受實際演練條件的限制；後一種方法的利是不受任何演練條件的限制、不會造成任何實際的損害，弊是縱然模擬場景再「逼真」，也始終會有些內容不會達到和實際的場景完全一致的效果。

對於上述兩種驗證方法，在具體運用中，企業可根據自己的實際情況來選擇其一或結合起來使用。

需強調指出的是，不同的手冊應放在不同的實際中去驗證。而且，在驗證中一定要有詳細、全面、隨時的記錄，使用的記錄手段可以多種多樣，例如筆記、錄音、錄影等。

　　此階段的另一個重要工作就是，在驗證後要及時修正和完善手冊內容（也包括目錄）。

　　經過反覆驗證、修改之後，手冊便會越來越趨於完善與成熟，不同的時期也會形成一個又一個手冊版本。

5.持續修改

　　一本手冊編寫完成後，不代表就可以高枕無憂，萬事大吉了，不同的市場環境、不同的時期、企業營運模式、方法都在不斷地更新變化。此時對手冊編寫人員的工作就是持續修改。手冊永遠沒有「完成」的時候，只有階段性的完成版本。任何一本手冊都要在「動態」的原則下，與進俱進地不斷得到修正和完善。

6 營運手冊編寫完成的時間

　　首先必須明確的是，任何一本手冊的編寫都是一個動態的、長期的過程，是時刻處於完善之中，又永遠沒有最終完善的時期。只要企業還存在，手冊就會隨著市場的發展而不斷修正和完善。

　　但是，手冊的階段性完成是有一定時間限制的，亦即手冊可以有第一版、第二版等。即便是完成階段性的手冊，其時間長度也是受多種因素的影響的，這些因素包括編寫資源的投入程度（人力、物力、財力等）、企業的歷史積累資料、編寫人的素質、編寫團隊的協作與管理、參考資料的數量和品質等。

表 2-6-1　手冊的初稿編寫時間

序號	手冊名稱	初稿編寫工作天數
1	《公司介紹手冊》	5
2	《MI手冊》	4
3	《BI手冊》	8
4	《VI手冊》	20
5	《SI手冊》	15
6	《AI手冊》	4
7	《BPI手冊》	8
8	《特許權要素及組合手冊》	4
9	《單店開店手冊》	7
10	《單店運營手冊》	7
11	《單店常用表格》	7
12	《單店店長手冊》	7
13	《單店店員手冊》	11
14	《單店技術手冊》	7
15	《單店制度彙編》	7
16	《分部運營手冊》	7
17	《總部總則》	7
18	《總部人力資源管理手冊》	4
19	《總部行政管理手冊》	6
20	《總部組織職能手冊》	4
21	《總部財務管理手冊》	4
22	《總部商品管理手冊》	4
23	《總部產品知識手冊》	4
24	《總部樣板店管理手冊》	7
25	《總部物流管理手冊》	4
26	《總部資訊系統管理手冊》	4

27	《總部培訓手冊》	4
28	《總部市場推廣管理手冊》	4
29	《總部產品設計管理手冊》	4
30	《總部產品生產管理手冊》	4
31	《加盟指南》（含「加盟申請表」）	7
32	《加盟常見問題與解答》	7
33	《總部招募管理手冊》	7
34	《總部營建管理手冊》	7
35	《總部督導手冊》	6
36	《總部銷售管理手冊》	7
37	《總部CI及品牌管理手冊》	7

　　上表 2-6-1 是一般情況下（假設每本手冊都有專人專職編寫，企業有一定的實踐經驗）的每本手冊初稿的大致完成時間，僅供企業作為參考。

　　每家企業實際情況不同，手冊全部初稿的完成時間也各有不同。一般而言，如果企業合理分配資源和科學規劃、管理系列手冊的編寫工作，那麼全部手冊的初稿完成時間應在 3 個月左右。

7 由誰來編寫營運手冊

嚴格地講，每本手冊都是集體工作的成果，而不是那一個人能夠編寫出來的，它需要多人相互協作、相互配合來完成。

雖然每個企業都希望自己的員工既能武（即實際的操作、執行能力強）又能文（即文字功夫強），但這種文武雙全的人並不多見，更多的情況則是文者不精武，武者不通文。

而為了充分發揮手冊的真正作用，我們的手冊要做到形式為文，內容為武，所以就更需要團隊的配合才能編寫出一本本優秀的手冊來。一般來講，手冊的形式和執筆主要由「文」者擔當，內容提供或素材來源提供則主要由「武」者擔當，創新部份則由二者共同進行。

因此，每一本手冊的主要執筆人或主要編寫執行人通常由文字組織能力強（或製圖能力強，例如對於 SI、VI 手冊就是如此）的「文」者擔任。而每一本手冊的協助人，即「武」者則各有不同。不過，為了加快手冊的編寫速度，也可以由「武」者先行提供一份草稿，再由「文」者進行修改。

具體到每一本手冊的主要執筆人或主要編寫執行人，則又會因手冊的不同而不同。就手冊的類型而言，通常的情況是，總結型手冊的「武」者起主要作用，設計型手冊的「文」者起主要作用，混合型手冊的「文」、「武」者作用相當。

一般情況下，手冊編寫的「武」者與手冊的對應關係如下表。

表 2-7-1　手冊編寫的「武」者與手冊的對應關係

序號	手冊名稱	主要協助人——「武」者
1	《公司介紹手冊》	公司全體人員
2	《MI手冊》	以公司創始人、高層為中心
3	《BI手冊》	人力資源部門、高層、相關員工
4	《VI手冊》	公司全體人員
5	《SI手冊》	公司全體人員
6	《AI手冊》	公司全體人員
7	《BPI手冊》	相應流程的工作人員
8	《特許權要素及組合手冊》	公司全體人員，特別是招商部
9	《單店開店手冊》	開店工作的相關人員
10	《單店運營手冊》	單店運營的相關人員
11	《單店常用表格》	單店運營的相關人員
12	《單店店長手冊》	單店運營的相關人員
13	《單店店員手冊》	單店運營的相關人員
14	《單店技術手冊》	單店技術服務的相關人員
15	《車店制度彙編》	單店運營的相關人員
16	《分部運營手冊》	分部運營的相關人員
17	《總部總則》	公司全體人員
18	《總部人力資源管理手冊》	人力資源部
19	《總部行政管理手冊》	行政部
20	《總部組織職能手冊》	企業的高層
21	《總部財務管理手冊》	財務部
22	《總部商品管理手冊》	負責商品管理的相關人員

23	《總部產品知識手冊》	產品研發部和負責產品的相關人員
24	《總部樣板店管理手冊》	旗艦店人員
25	《總部物流管理手冊》	物流部
26	《總部資訊系統管理手冊》	信息部
27	《總部培訓手冊》	培訓部、招商部和加盟商營建部
28	《總部市場推廣管理手冊》	市場部
29	《總部產品設計管理手冊》	研發部
30	《總部產品生產管理手冊》	工廠或負責生產的部門
31	《加盟指南》（含「加盟申請表」）	招商部、企劃部
32	《加盟常見問題與解答》	招商部
33	《總部招募管理手冊》	招商部
34	《總部營建管理手冊》	營建部、招商部、市場部
35	《總部督導手冊》	客戶服務部
36	《總部銷售管理手冊》	公司全體人員
37	《總部CI及品牌管理手冊》	公司全體人員

8 手冊編寫人應具備的基本素質

編寫手冊要達到的目標是是手冊要易於使用，要具有優秀的編讀介面，使手冊的閱讀者(甚至是一個外行)依靠手冊的描述就能迅速、有效地進入實戰。其實，不但手冊，現代社會的許多設備、工具的設計也都在朝著「傻瓜式」的方向前進，即儘管設計、製造和甚至維修比較麻煩，但其使用卻是非常簡單的，任何人經過簡單的訓練就能以接近「行家」的水準操作。

表 2-8-1　優秀「文」者、「武」者的基本素質

序號	優秀「文」者的基本素質	優秀「武」者的基本素質	共同的基本素質
1	文字(或圖形)組織能力強	豐富的實踐工作經驗	具有協作精神
2	思維邏輯清楚	對本職工作精通	具有鑽研精神
3	善於訪談	善於表達	具有創新精神
4	善於記錄、歸納、整理、提煉與昇華	熟悉同業者情況	具有保密意識
5	善於調查、研究		對行業、企業熟悉
6	具備一定的經營管理或圖形設計專業功底		領會手冊的意義
7	熟練操作電腦		善於溝通
8	熟練使用OFFICE軟體		
9	相當的文化水準		

這就要求編寫手冊時，內容要詳細、實戰、方便使用。手冊的編寫結果要如同傻瓜式相機一樣，使用者只需進行簡單的操作，就

可以達到優秀的實戰效果。否則，如果手冊的編寫太過籠統、字詞晦澀、理論性太強、不加解釋的術語過多，或者是邏輯性混亂、結構不清晰，那麼，讀者需要一邊閱讀、一邊進行高強度地自己整理歸納的手冊，就不能算是一本好的手冊。

手冊的編寫人大致可分為兩類，即「文」者——主要執筆人或主要編寫執行人，以及「武」者——手冊的協助人，對他們的要求各有不同。

9 編寫手冊應到現場去

編寫手冊的人數一般沒有特別規定，完全依據企業自己的資源狀況來定，一般在 4～8 人之間比較適宜，這樣一來，企業的成本不大，人員之間利於分工，而且將來編寫手冊的人還可以被訓練成特許經營總部的骨幹，並被分配到特許經營總部的各個部門，因為特許經營總部的部門一般也在 4～8 個之間。

由於手冊的編寫在不同的時期所採取的辦法不同，所以手冊編寫者相應地也會在不同時期於不同地方進行編寫工作。但不論怎樣，編寫者的工作地點都應是辦公室和實戰場地相結合，所不同的只是對應於手冊的不同編寫階段、不同的手冊等而言，編寫的工作時間在前述二者之間分配多少的問題。

如果從大的方面來劃分手冊的編寫過程，可以分成兩個大的階段：第一是初稿完成階段，第二是持續修正和完善階段。在前一階

段，編寫者的工作地點更多是在辦公室裏或室內；後一階段，因為是手冊要放到實際中去驗證、去修改，所以編寫者的工作地點更多地應是在現場。

一般而言，對初稿的完成階段，在設計初稿的時候，編寫者更多地是在辦公室裏進行；討論的時候，更多的是在會議室裏，當然也可能會在實戰現場進行；修正的時候則又更多地是在辦公室裏進行。

等到初稿完成以後，進入修正和完善的持續階段時，不同的手冊編寫工作地點就會有不同，但都更多地放在了現場。

例如，《加盟指南》的持續修正和完善是在市場中進行的，所以編寫者的工作地點就不能只呆在辦公室裏，而應去市場上積極搜尋、整理、分析和研究市場的實際回饋，然後根據這些回饋資訊對加盟指南做出修正和完善。

《單店手冊》的持續修正和完善是在單店實戰中進行，或者說單店手冊需要在單店的實際運營中進行驗證和修改，所以編寫者的工作地點更多地是在單店現場。

《分部手冊》的持續修正和完善是在分部的實際運作中進行，所以工作地點更多地是在分部的運營現場。

《總部手冊》的持續修正和完善是在總部運作中進行的，所以工作地點更多地是在總部的運營現場。

10 編寫手冊時要經常討論

在編寫手冊的過程中，要以由手冊的「文」者和「武」者所組成的編寫團隊為中心，在手冊的每一個版本完成時或每一個編寫階段結束時，定期、不定期地舉行關於該手冊的集體研討會。

1.討論的意義至少包括如下幾個方面

⑴培訓。將手冊的最新內容告知所有相關人員，使他們及時跟上企業的發展步伐，消滅「不知情」的溝通尷尬。

⑵集智。就手冊的內容廣泛徵求大家的建議，真正實現群策群力。

⑶考核。討論是手冊編寫者的一次工作彙報，是企業檢查與考核他們工作績效的一種手段。

⑷改進。討論過程中會暴露手冊編寫中的一些問題，通過對這些問題的曝光與解決，可以有效地使得手冊的完善工作更好地繼續下去。

2.召開討論會時要注意以下問題

⑴由手冊的編寫人提前申請。申請內容應包括討論會的形式、時間、地點、討論內容、參加人員、需要設備等，由公司高層審批決定。

⑵各個手冊的討論會分別由其對應的編寫人主持。

⑶討論會的形式至少有如下兩種基本類型，企業可以結合起來使用。

①集中會議形式。即大家集中到某個房間，以開會的形式討論。其優點是可以互相啟發，使問題一次性確定，起到良好的培訓作用等；缺點是需要參會人員的時間必須同時集中。且有些意見不便當眾提，提意見可能引發互相間的不滿等。

②分散討論形式。即大家不必集中到一起，而是分頭修改，並分別告訴編寫人各自的修改意見。這種形式的優點是參與討論的人員可以提出不便當眾提的意見，不受討論人員時間的影響，不受地點的影響等；缺點是不能起到很好的培訓作用，編寫人事後還需要將修改結果再通知各人，參與討論的人員之間不能互相啟發等。

⑷討論前可以將要討論的手冊發給參會者（其優點是使參會者有充足準備，討論會可以更有效率，但這樣就會牽涉到手冊的保密問題），也可以不發給他們（這樣做的優點是保密性增加，但參會者會前的準備不充分，會影響討論會的效率和效果）。

⑸如果討論前把要討論的手冊發給參會者，那麼應至少提前 2 天督促他（她）們仔細閱讀，並提醒他（她）們務必對要修改的問題作出標記，以免遺忘。另外，在發給參會人員手冊的時候，一定要提醒他（她）們保密。

⑹以集中會議的形式討論時，應注意以下幾點。

①尋找一個合適的（大家都能抽出空來的）時間

②討論前宣佈討論會制度，例如暢所欲言、只能爭論、不能對提任何建議的任何人予以批評打擊等

③最好能使用大螢幕的投影儀，大家都對著投影儀討論。條件許可的，應錄音或錄影。一般由手冊的編寫人負責講解、記錄和當場進行修改

④能當場修改就當場修改，不能當場修改的一定要作出標記

⑤提高效率，避免閒話或閒事打擾。每個人都必須發言，不能僅當「聽眾」

⑺參與討論的人員最好是「全部」與該手冊相關的人員，不能有所遺漏。

11 由誰來修正手冊內容

既然手冊永遠沒有「完成」的時候，且需要不斷地修正和完善，那麼，由誰來負責手冊的修正和完善呢？

手冊的初稿完成之後，企業可以有至少兩種不同的方法來安排手冊的修正與完善。需要注意的是，每種方法都有自己的利和弊，企業應根據自己的實際情況選擇一種或綜合幾種方法來做。

以下是兩種不同的手冊修正與完善的基本方法。

1. 誰撰稿，誰負責修正與完善

⑴這種安排的好處

①修改效率高、品質高。因為編寫人一直跟蹤編寫一本手冊，他或她對手冊的前前後後、來龍去脈、各個方面都非常清楚，查找問題、修改起來也得心應手，效率和品質自然就高。

②利於培養專業的技術人才。這是很好理解的，由於長期專注於某一本手冊的修改，編寫人一定會成為該手冊涉及領域的專家。

③分工簡單。手冊編寫的組織工作只需按最初的人員安排繼續進行下去即可，不需要額外地再重新計劃工作分配。

④利於保密。當手冊初稿的編寫人較多時，每個人都只掌握某一領域的內容，即使外洩出去，也不會給特許經營體系造成整體性的毀滅性打擊。

(2)這種安排的弊端

①可能會使修改工作人為中斷。一旦初稿編寫人離職或出現其他不能繼續編寫的情況，會造成該手冊的修改暫時中斷，因為後來接替者必須首先研究清楚手冊後，才有可能繼續修改。

②手冊帶有濃厚的個人色彩。因為一個人自始至終地修改某本手冊，所以該手冊裏會不可避免地滲透進他或她的大量個人色彩，包括文字風格、敍述方式、邏輯模式、哲學觀點等，這種個人色彩對於手冊的客觀、公正性有一定影響。

③資源的個人壟斷。隨著時間的延長與修改次數的增多，歷經多次修改的全部手冊內容也許只有初稿編寫人才清楚，這很容易形成資源的個人壟斷，對團隊協作和個人資源公司化不利。

④管理複雜。如果系列手冊的初稿編寫人較多，則管理難度會增加。

這種安排一般適用於具有如下特點的企業或手冊：

⑴人手不夠。企業不能設置專門的人員來專職修正與完善手冊。

⑵初稿編寫人具備「兼職」條件。即不必因別的工作安排而必須放棄手冊的後續修改工作。

⑶手冊編寫人流動率非常低，最好較長時期內不變。

⑷團隊協作性、溝通性好。這樣可避免手冊中有過多的個人色彩和資源壟斷。

⑸手冊較複雜或技術含量高。更換修改人時，接替者研究清楚整本手冊有較大難度。

2.指派人員來負責修正與完善

指派人員是指待手冊的初稿完成後，企業重新指派專人來進行後續手冊的修正和完善工作，例如此人可能會同時負責幾本手冊，他或她的工作職責或最主要職責就只有一個：修正和完善手冊。

(1)這種安排的好處

①手冊的風格會統一。由同一人來同時進行幾本手冊的修改、完善工作，會使這幾本手冊的風格較易統一。

②手冊修改的頻率較高。這是專職相比兼職的好處。

③利於培養多面手。專職修改幾本而不是某一本手冊的人員，會對這幾本手冊所涉及的內容都很熟悉，從而會同時成為這些領域的專家。

④管理簡單。企業只需對有限的幾個專職人員進行監督、考核等即可。

(2)這種安排的弊端

①時間暫時中斷。手冊編寫的接替者熟悉手冊的內容需要一定的時間，會造成手冊編寫過程的暫時中斷，中斷時間的長短也會因接替人的學習能力、手冊內容的複雜度、接替人同時負責的手冊數量等而有所不同。

②手冊的修改質量存在疑問。因為人的精力、能力有限，所以同時致力於幾個不同領域的專職編寫人，很可能會因為自己的主觀因素而使不同手冊的修改品質良莠不齊。

③可能找不到合適的「多面手」修改人。即沒人能勝任同時修改涉及不同領域的幾本不同手冊的工作。

④存在洩密風險。若某人同時負責幾個關鍵領域的手冊修改，那麼一旦此人洩露企業的商業機密，就有可能給企業帶來巨大的損

失。

一般而言，這種安排適用於具有如下特點的企業或手冊：

⑴人手充足，企業可以指派專職的手冊編寫修改人。

⑵有合適的「多面手」修改人。

⑶初稿編寫人存在不穩定的流動率，但指派的專職人員的流動率較小。

⑷手冊的技術含量不高，內容描述也不需要太過專業。

⑸手冊需要的修改頻率較高。

12 手冊數量的確定

有的企業喜歡把系列手冊的數量弄得很多，總覺得越多越好，例如號稱擁有 18 本、36 本手冊等，但每本手冊卻是薄薄的一本；有的企業則喜歡把手冊儘量合併，使單本手冊的內容增多，每本手冊都很厚，那一種形式更好呢？

其實，手冊數量多和數量少是各有利弊的。手冊數量多的企業給人的「感覺」是企業的各種工作比較完備、做事比較詳細和系統，也因此更給人以專業的感覺，但數量眾多的手冊難免會內容重覆，修改、攜帶、保存起來也不太方便，而且，有的手冊可能還會因內容太少而顯得單薄，給人以做作的感覺。相比較而言，手冊數量少的企業給人的「感覺」是企業完善度不高、專業性不強，但手冊的修改、攜帶、保存卻是十分方便的，單本的內容也會顯得豐富。

　　綜上分析，手冊的數量應以實際需要和方便使用為最佳確定依據，不要人為地增加或減少數量。不管數量多少，都需要遵循最重要的兩條原則：

　　(1)品質通常比數量更重要。

　　(2)手冊的內容不能遺漏。企業可以把《單店開店手冊》和《單店運營手冊》合二為一，也可以分開來成為兩本獨立的手冊，但總的內容是不變的。

13 手冊最適宜的字數

　　如同手冊的數量原則一樣，每一本手冊的字數也應是以實際需要和方便使用為最佳確定依據，不要人為地故意增加或減少數量。

　　考慮到閱讀方便、成本等因素，手冊的字數最好在保證品質的前提下儘量簡化，若能配合圖表更佳，亦即儘量用簡潔明瞭的文字把問題描述、講解清楚。太過冗長、囉嗦的敘述反而容易使人厭倦，從而影響手冊的實際使用效果。

14 處理手冊內容的重覆問題

首先，手冊之間出現內容重覆是完全可能的，有時候還是必然的情況，尤其是當企業把手冊的數量分成較多的時候就更是如此。

例如當企業把單店的手冊分成《單店開店手冊》、《單店運營手冊》、《單店店長手冊》時，這些手冊的每一部份都要論述關於人員招聘的問題，那麼，我們可以只在某一本手冊中詳細說明，然後在其他手冊中僅用簡單地寫上一句「詳見××手冊」嗎？不可以！因為即便是同一內容，不同手冊中的描述重點也是不同的。還是以人員招聘為例，《單店開店手冊》中的人員招聘主要是單店剛開業時的招聘，編寫手冊時必須考慮到，此時的加盟商可能對招聘知識、人員鑑別等很模糊，甚至不知道該注重員工的那一方面；《單店運營手冊》中的人員招聘其實是一種補充隊伍性質的招聘，編寫手冊時必須考慮到，此時的單店已經有了一定的經驗和品牌等，加盟商也有了一定的人員使用經驗；《單店店長手冊》中的人員招聘則主要是從店長的職責出發，更全面性地講解作為一個店長而言，他或她應如何實施人員招聘。

可見，同一內容在不同手冊描述中的重點是不同的。所以，雖然不同的手冊所描述的目標內容一樣，但其所描述的條件和重點卻可能是不同的，因此，部份內容重覆是正常的，也是可以允許的。

其次，應該明確的是，手冊之間的重覆確實浪費了資源，並使得手冊的編寫、修改等變得繁瑣，所以企業在編寫手冊時應儘量避

免重覆的情況。為此，企業可以考慮採取下列辦法：

1. 精簡手冊的數量，例如把相關主題的分手冊變成某一本主手冊的「章」，或「節」。

2. 對不同手冊上重覆出現的同一主題而言，例如人員招聘，可先寫出「公共性的」內容，即那些每本手冊在該主題上都會說明的內容，並僅把該「公共性的」內容放在某一本手冊上。然後，在編寫每一本需要說明該同一主題的手冊時，就可只說明每本手冊各自在該主題上的「特色」內容，關於「公共性的」部份，用「其餘內容詳見××手冊××部份」即可。

3. 把重覆度大的內容單編成一本手冊，當其餘手冊需要論述該主題時就可用「詳見××手冊」來代替。

4. 專門編寫一本《手冊使用指南》，對每本手冊的概況和目錄進行集中羅列，以便使用時能快速找到關於同一主題、但講解卻並不完全一致的對應的手冊內容。

15 那本手冊最重要

經常聽到有人在爭論，到底那本手冊最重要。其實對一個特許經營體系而言，每本手冊都同樣重要，只是在企業的不同發展階段或有著不同的特殊需要時，某些手冊才更為「緊迫」而已，但即便如此，它也決不是「更」重要。

就像人的各個器官一樣，只有每個器官都正常，這個人才能算

是健康的。企業的系列手冊也是如此，只有每本手冊都編寫得完整，而且相互間協調性、配合性很好，這個系列手冊才稱得上是真正不錯的手冊。任何一本手冊編寫得不合適，都會造成對整個系列手冊的損害，也都會對特許經營體系造成損害，所不同的只是損害時間的早晚、損害大小程度等不同而已。

16 手冊細化到什麼程度

手冊的細化程度並沒有一個公認的、數量化的、標準的衡量依據，要依照各企業需求而定。

粗枝大葉的描述、假設讀者是熟練業內人士，描述的結果就是，手冊的指導性作用大大降低，因為讀者可能根本沒法完全準確地理解手冊的內容。

太過詳細的描述、假設讀者是完全外行，描述的結果就是，手冊的編寫成本（包括資金成本、時間成本、交易成本等）大大提高，也會因熟悉某些內容而不會去閱讀，並從而使有些內容的描述純屬「贅述」。同時，冗長、事無巨細的描述對企業知識產權的保密也是一個損害，因為如果外行人都能看得十分明白的話，那麼手冊一旦洩露，其結果就可想而知了。

所以，手冊的細化還是應從實戰和方便使用的角度出發，同時考慮編寫成本和保密等因素。一般而言，手冊的內容細化到讀者能夠輕鬆地、不會產生歧義地閱讀，理解並能準確地按照手冊內容進

行實際操作時就可以了。

17 營運手冊的編寫過程應控制

　　計劃制定好了以後，關鍵就在於實施，而實施的關鍵又在於控制。

　　據美國研究項目控制(包括對工作、資源、時間的控制)的專家詹姆斯·華德(James Ward)的研究發現，對於一個大的資訊系統開發諮詢公司，有 25%的大項目被取消，60%的項目遠遠超過成本預算，70%的項目存在品質問題是很正常的事情。只有很少一部份項目能確實按時完成並達到項目的全部要求。華德最後得出結論，正確的項目計劃、適當的進度安排和有效的項目控制，可以避免以上這些問題。

　　漢斯·薩姆海恩(Hans Thamhain)認為，高效地實施和使用項目管理控制技術是項目成功的關鍵，許多項目經理的失敗就是因為未能理解如何正確使用項目控制技術。因此，經過深入細緻的研究後，他就有效的項目控制提出了以下建議：融入團隊、保持技術和工作進程的一致性、建立標準的管理方法、預見困難與矛盾、培育一個富有挑戰性的工作環境和集中精力不斷改進。

　　在實際操作中，對計劃的控制實質就是密切監視和關注所有影響計劃實施進程的因素，及時將這些因素反映到計劃的實施中，並決定修改計劃或調整影響因素，以保證手冊編寫目標的實現。同時，

應隨時收集實際計劃進程的資訊，並與事先安排的計劃進行比較，找出差距的原因並採取相應對策。在控制中需特別注意：

1. 連續控制。對計劃的控制應該貫穿於整個計劃實施的始終，隨時對計劃進行監控和修正。

2. 全員控制。手冊編寫計劃實施的所有人員都有對計劃進行控制的責任，每個部門、每個人員都應對自己所承擔的活動負起責任。每個手冊編寫計劃項目組，都應建立以項目經理為中心的全員控制體系。

3. 正確設定報告期(Report Period)。報告期就是將實際與計劃進行比較，以得出進度進展情況的時間間隔或週期。報告期的長短根據項目的複雜程度和時間期限，可以為日、週、月、雙月、季等。一般而言，報告期越短，控制成本越高，控制效果越好；反之亦然。

4. 及時收集實施資訊。保持通暢、正確的資訊管道是控制過程的關鍵，在報告期內需要收集的資訊有三類：

⑴實際執行中的數據。包括：活動開始或結束的實際時間；使用或投入的實際成本。

⑵有關項目範圍(任務)、進度計劃和預算變更的資訊

⑶影響計劃實施因素變化的資訊：自然原因、人為原因；公司內原因、公司外原因；直接原因、間接原因。

5. 將各種變更隨時反映到計劃中。一旦外界發生了變更，並且這種變更需要對原先計劃進行修正時，計劃必須及時、準確地反映出變更情況。同時，應該確保計劃的變更讓所有可能涉及到的部門及人員在第一時間內知道。

6. 合理配置資源。每項手冊編寫活動都需要企業投入一定的資

源，但因為資源的有限和稀缺性，所以企業必須合理地配置資源。配置的領域主要包括兩部份：一是用於手冊編寫的資源和企業其餘運營活動資源之間的配置；二是手冊編寫的內部資源配置，即手冊編寫使用的各項資源之間的配置（例如資源平衡、資源約束下的配置等）。

18 特許經營手冊的版本編碼

因為手冊的數量繁多，而每本手冊又在經常不斷地修改之中，所以對於手冊的文檔管理、更新是個很重要的問題。其中，最關鍵的問題之一就是如何區分不同手冊的不同版本，以便在需要時可以快速、準確地找到不同時期或階段的手冊版本。

區分手冊的不同版本有很多方法，可參考下列常用方法：

1. 在手冊封面邊角上做標記。例如以符號「××-××-××-××」來表示，如圖 2-18-1 所示。

2. 直接在手冊的名稱後面或封面邊角上加尾碼，例如年月日（如 050703 表示 2005 年 7 月 3 日完稿的那個版本）、版本號（如 08 代表第 8 稿，一般用兩位阿拉伯數字表示）。這個方法在管理電子文件時特別方便和有效。

3. 對於紙質文件的管理，可以為每本手冊準備一個專門的文件夾、文件盒或文件櫃，把每本手冊分門別類地存放好，並把版本號貼在手冊的封面或書脊的顯眼處。

圖 2-18-1 手冊版本識別字號示意

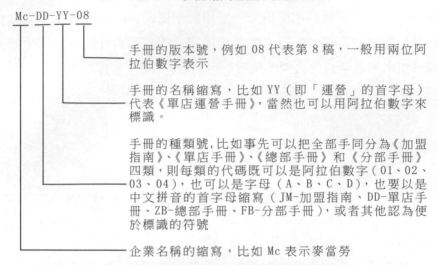

Mc-DD-YY-08

手冊的版本號，例如 08 代表第 8 稿，一般用兩位阿拉伯數字表示

手冊的名稱縮寫，比如 YY（即「運營」的首字母）代表《單店運營手冊》，當然也可以用阿拉伯數字來標識。

手冊的種類號，比如事先可以把全部手同分為《加盟指南》、《單店手冊》、《總部手冊》和《分部手冊》四類，則每類的代碼既可以是阿拉伯數字（01、02、03、04），也可以是字母（A、B、C、D），也要以是中文拼音的首字母縮寫（JM-加盟指南、DD-單店手冊、ZB-總部手冊、FB-分部手冊），或者其他認為便於標識的符號

企業名稱的縮寫，比如 Mc 表示麥當勞

4.在電腦上的文檔管理更方便、更科學。例如為全部手冊建立一個文件夾，然後再為每本手冊建立一個專門的次級文件夾，日後所有關於每本手冊的修改版本都存放到各自對應的文件夾裏，並按時間順利排列。或者，在每個次級文件夾裏再建立一個「舊版本」文件夾，除了最新版本之外的所有版本都存放到這個「舊版本」文件夾裏，只留最新版本的手冊在次級文件夾裏。

手冊的編寫人和修改人都必須時刻謹記的是，無論手冊編寫或修改到什麼時候，每次對手冊有改變時，都不要忘了隨手更改手冊的版本號，不然在以後的查找和使用中就會混作一團。

同時，還應建立一個專門的手冊版本管理文件，該文件上應隨時反映每本手冊的所有版本資訊，這樣就可以清楚地掌握每本手冊的總共版本數和最新版本序號了，查找起來方便快捷。

19 特許經營手冊的保存和保密

手冊的保存應堅持以下幾個原則：

1. 電子文檔和紙質文檔同時保存。電子文檔的保存要注意防範病毒，可以採取多處備份的方法（電腦硬碟、光碟、移動硬碟等）。紙質文檔的保存要注意防水、防火、防蟲蛀等。

2. 防盜和保密。對於電子文檔的保存，最好設密碼保護功能，而且此密碼只能限於某幾個人員知道。對於紙質文檔的保存，要在文件保存處設置只有限定的幾個人才能打開的鎖具。

3. 設置專人、專地、專機負責手冊的保管，並規定好嚴格的手冊保管條例。

4. 每個要調用、查看或需要對手冊進行某種操作的人員，必須經過有關人員的審批以及進行全程的使用記錄，並在使用前簽署保密協定。

5. 不同的手冊儘量由不同的人來負責保管，儘量避免由某一個人保管全部手冊的情況。

6. 因為手冊對於企業的意義重大，所以手冊的保密必須堅持以下幾個基本的原則：

(1)全流程每個環節的保密。從手冊的目錄設計、內容編寫、初稿討論、實戰演練一直到手冊的持續性修改、交付給加盟商、對員工和加盟商進行培訓等，在每個階段，企業都要制定並實施切實可行的、週密的手冊保密計劃。

⑵全部人員的保密。所有接觸手冊的人員都要保密，都要簽署一份保密協定。盡量減少手冊的人群接觸面，和手冊無關的人群盡量不要讓其接觸到該手冊的內容。

⑶全部手冊的保密。企業對每一本手冊都應保密，不能厚此薄彼。手冊的封面上應該註明此為第幾份版本、保管人姓名。

⑷手冊內容編寫中的保密原則。例如在給加盟商的手冊中，不能事無巨細地把企業的所有家底都和盤托出。在企業對外發佈的《加盟指南》中，既要有披露，又要有保密，避免「言多必失」。

⑸保密的手段要全面，不但要禁止紙質文件的洩密，還應避免其他形式的洩密，例如電子郵件、企業網站、聊天工具、電話、傳真、音頻、視頻等。例如在網路時代的今天，有些公司的電腦卻是禁止上網的，其原因就是因為怕洩密。

20 對加盟商的培訓

對加盟商的培訓除了手冊內容之外，還包括手冊之外的東西。從下表中可以清楚地看出，在對於加盟商的培訓課程中，有的是以手冊為教材的，有的則是手冊中所沒有的內容。所以，僅僅按照已有的手冊對加盟商進行培訓，是不夠的。

為了最大限度地確保加盟店的成功，培訓的內容還應包括一些不必編入手冊的「通用化」的東西，例如特許經營基本知識、服務禮儀、專業銷售技巧、商品管理基本知識、財務基本知識、團隊建

設與員工激勵、顧客開發與管理、行銷基本知識、消費者心理學、
行業介紹等。

表 2-20-1　特許經營體系的培訓課程

序號	課程名程	課時（小時）	教材	教師
1	公司介紹	0.5	《公司介紹手冊》	×××
2	行業介紹	0.5	教師編寫教案	×××
3	公司理念MI	0.5	《MI手冊》	×××
4	SI、VI介紹	0.5	《SI手冊》、《VI手冊》	×××
5	特許經營基本知識	2	教師編寫教案	×××
6	服務禮儀	2	教師編寫教案	×××
7	專業銷售技巧	2	教師編寫教案	×××
8	商品管理基本知識	2	教師編寫教案	×××
9	財務基本知識	2	教師編寫教案	×××
10	團隊建設與員工激勵	2	教師編寫教案	×××
11	顧客開發與管理	2	教師編寫教案	×××
12	行銷基本知識	2	教師編寫教案	×××
13	消費者心理學	2	教師編寫教案	×××
14	單店日常運營管理	4	《單店運營手冊》	×××
15	單店制度	2	《單店制度彙編》	×××
16	單店開店	2	《單店開店手冊》	×××
17	單店店員規範	2	《單店店員手冊》	×××
18	單店店長規範	2	《單店店長手冊》	×××
	合計	32		

註：本課程設計以 32 小時的總課時為限制條件。

21 要給加盟商的手冊種類

連鎖特許人交付給單店加盟商的手冊分兩類：第一類是「應該交付的」，即此類手冊是特許人應該或必須交付給單店加盟商的，這些手冊對於單店加盟商按照「複製」的模式成功運作是必不可少的，這些通常在合約上會有約定；另一類是「可交付的」，即特許人沒有必須把此類手冊交付給單店加盟商的義務。兩類手冊的具體明細如表 2-21-1 所示(打「√」者表屬於對應列的手冊性質)。

表 2-21-1　「應該交付」、「可以交付」給單店加盟商的手冊

序號	開始編寫的手冊名稱	按主要使用者歸屬	可以交付的	應該交付的
1	《公司介紹手冊》	總部手冊	√	
2	《MI手冊》	總部手冊、單店手冊	√	
3	《BI手冊》	單店手冊、總部手冊		√
4	《VI手冊》	單店手冊、總部手冊	√	
5	《SI手冊》	單店手冊、總部手冊	√	
6	《AI手冊》	單店手冊、總部手冊		√
7	《BPI手冊》	單店手冊、總部手冊		√
8	《特許權要素及組合手冊》	總部手冊	√	
9	《單店開店手冊》	單店手冊		√
10	《單店運營手冊》	單店手冊		√

11	《單店常用表格》	單店手冊		√
12	《單店店長手冊》	單店手冊		√
13	《單店店員手冊》	單店手冊		√
14	《單店技術手冊》	單店手冊		√
15	《單店制度彙編》	單店手冊		√
16	《總部產品知識手冊》	總部手冊		√
17	《加盟指南》	加盟指南		√
18	《加盟常見問題與解答》	總部手冊	√	
19	《總部督導手冊》	總部手冊、分部或區域加盟商手冊	√	

心得欄

- -

- -

- -

- -

- -

- -

22 交給加盟商手冊的時機

在實務操作上，特許人企業交給加盟商的手冊最好是紙質的，不要輕易交給電子版。這是因為電子版的傳播速度快、複製方便、容易洩露，不利於企業知識產權的保護。

表 2-22-1　手冊應交付給加盟商的時間

序號	手冊名稱	應交付時間
1	《公司介紹手冊》	正式加盟前，或正式加盟後的初次加盟商培訓中
2	《MI手冊》	正式加盟後的初次加盟商培訓中
3	《BI手冊》	正式加盟後的初次加盟商培訓中
4	《VI手冊》	正式加盟後的初次加盟商培訓中
5	《SI手冊》	正式加盟後的初次加盟商培訓中
6	《AI手冊》	正式加盟後的初次加盟商培訓中
7	《BPI手冊》	正式加盟後的初次加盟商培訓中
8	《特許權要素及組合手冊》	正式加盟後的初次加盟商培訓中
9	《單店開店手冊》	正式加盟後的初次加盟商培訓中
10	《單店運營手冊》	正式加盟後的初次加盟商培訓中
11	《單店常用表格》	正式加盟後的初次加盟商培訓中
12	《單店店長手冊》	正式加盟後的初次加盟商培訓中
13	《單店店員手冊》	正式加盟後的初次加盟商培訓中
14	《單店技術手冊》	正式加盟後的初次加盟商培訓中
15	《單店制度彙編》	正式加盟後的初次加盟商培訓中
16	《總部產品知識手冊》	正式加盟後的初次加盟商培訓中
17	《加盟指南》	必須在加盟前
18	《加盟常見問題與解答》	加盟前，或正式加盟後的初次加盟商培訓中
19	《總部督導手冊》	正式加盟後的初次加盟商培訓中
20	《總部銷售管理手冊》	正式加盟後的初次加盟商培訓中

不同手冊其交付時間也不同，在實務操作上，通常按特許經營合約或慣例確定，上表 2-22-1 列出了特許人交給加盟商手冊的時間。

23 加盟商的特許經營手冊，記得要收回

特許經營合約一般會規定，在特許經營合約終止後的限定時間內，加盟商應將特許經營的系列手冊全部銷毀或交還給特許人；在合約終止時手冊要物歸原主。

特許經營的雙方在簽訂了特許合約，且加盟商交納完加盟金後，特許人會把系列手冊交給加盟商，所以就曾有很多人認為，加盟商加盟的目的就是為了那幾本手冊，加盟金購買的就是手冊。那麼，加盟商的加盟金買的就是手冊嗎？

答案是否定的。產生這種錯誤理解的最深層原因是對加盟金概念的不清晰所致，所以我們有必要把加盟金的相關概念在此作一個簡單的介紹。

首先，什麼是加盟金(Initial Fee)？加盟金，又稱特許經營初始費，指的是特許人將特許經營權授予受許人時所收取的一次性費用。

其次，特許人為什麼要收加盟金或加盟金的用途是什麼？加盟金的主要用途是特許人為使受許人正常開業，而在受許人開業前所為其提供的一系列支持和幫助。它也同時體現特許人所擁有的品

牌、專利、經營技術訣竅、經營模式、商譽等無形資產的價值。所以，加盟商交納加盟金的目的決不僅僅是為了獲得那幾本手冊，而是獲得包括手冊在內的一整套特許經營的模式，我們稱之為商業模式(Business Format)。

再次，無論是特許人還是加盟商都必須記住，手冊只是特許人在加盟期間內「借」給加盟商使用的，並不是「給」或「賣」，所以加盟商並沒有「買」下手冊。

法律上沒有明確規定。但特許人一般都會在特許經營合約上有關於這一事項的規定，即規定加盟商對特許經營體系及手冊所作的任何改進的產權都屬於特許人獨有。

24 擁有營運手冊不代表一定會成功

很多特許人擔心一旦加盟商退出加盟或把手冊的內容洩露給其他人後，獲得手冊的人就會完全依照手冊的內容和特許人做得一樣好。

那麼，任何人只要獲得了手冊，就可以和手冊所有者的特許人做得一樣好嗎？答案很明確：不一定。

特許經營體系這種商業模式的成功，取決於多種因素，例如從資源的角度講，至少包括人力資源、財務資源、物質資源、市場資源、技術資源、資訊資源、關係資源、宏觀環境資源、自然資源、組織管理資源、品牌資源與知識產權資源等 12 種必要資源的數量和

品質。

　　多種資源的合理搭配和協調運營才能使企業最終取得成功，而手冊所包含的絕大部份內容是知識產權資源、技術資源、資訊資源，其餘資源都極少涉及或根本就不具備，所以，即使獲得了手冊，並且按照手冊的內容能夠在技術上操作得很熟練，但企業的經營卻未必能成功。

　　事實證明，消費者購買產品時不可避免地會有品牌暗示的成分在內。例如有人曾做過試驗，請消費者品嘗撕去品牌標籤的普通可樂和可口可樂，結果大多數人根本就無法憑藉口感來區分那個更好喝，這說明感覺可口可樂更好喝的原因背後有相當的心理暗示在起作用。所以，即使有人獲得了某著名品牌企業的手冊，並完全按照手冊的內容來生產出品質同樣的產品或服務，消費者也未必認同。

　　隨著社會的進步與發展，知識產權的保護正受到越來越大的關注，得到法律保護的力度也越來越大，所以即使有人獲得了企業的手冊，他或她也不敢原封不動地照搬照做，否則一定會搬起石頭砸自己的腳。

　　但無論如何，獲得企業手冊的人都會對企業的競爭形成極大的威脅，因為雖然他或她很有可能和你做得一樣好，甚至比你做得更好，所以企業還是要謹慎、嚴肅、切實地保護好自己的手冊，以免給自己的企業造成不必要的麻煩。

25 是圖表居多，還是文字居多

　　手冊編寫的形式，並不是非常重要，關鍵是能把問題說清楚，執行方式說具體，讓人一看便知其具體意思。

　　除了特別的手冊之外（例如《SI 手冊》、《VI 手冊》的絕大部份內容都是以圖為主，《單店常用表格》中都是表的形式，《加盟指南》中也配有相應的圖表），一般而言，讀者面對較多的文字時，會產生閱讀的疲勞感，所以編寫手冊時最好是圖表和文字都有，這樣可以有效地調節閱讀者的厭倦情緒，使手冊的內容更加生動、鮮活。

　　例如在講述具體的技術操作流程、商品的陳列方式、產品知識時，能在文字敍述的同時配以適當的插圖，會帶給閱讀者更多的方便。

　　如果圖表和文字都能很好地說明問題，那就更多地使用圖表，因為圖表更直觀，更容易讓人記住。

26 營運手冊外觀的設計

　　營運手冊有漂亮精緻的外觀，好處是能夠吸引人、顯得有檔次，但其缺點就是這種外觀的設計、製作或印刷的成本也會相應地較高。樸實、不加修飾的外觀雖然成本低，但在吸引力、檔次方面就有所欠缺。所以，手冊的外觀製作要根據手冊的使用目的或使用對象來定。

　　《加盟指南》對於外觀的要求應特別受到特許人的重視，因為招募文件是特許人宣傳自己的主要、首要媒介，可能是受許人接觸特許人的第一個判斷依據，以及受許人形成對特許人第一印象的關鍵。特許人也會花費相當的文筆、圖案設計和費用等來絞盡腦汁地製作它，以便能以最少的內容、最生動形象的形式和最短的時間讓潛在受許人對其形成良好的印象。通常，它會被特許人印刷成外觀和內文都非常精美的小冊子或彩色折疊紙等，而且語言精練、內容重點突出、圖文並茂。凡是參加過特許經營展會的人都會有這樣的印象，即特許人免費發放的各色《加盟指南》手冊，從外觀到內容都爭奇鬥豔、各顯身手，所以有人說特許經營展也是一次《加盟指南》展，一點也不過分。

　　至於單店手冊和分部加盟商手冊，因為它們是要交給加盟商的，所以特許人為了自己的形象以及為了向加盟商強調手冊的重大意義，單店手冊的外觀雖然比《加盟指南》差些，但通常也會被做得相當精美。

對於總部手冊則不同了，因為總部手冊是特許人自己使用，並不需要（雖然部份手冊可以交給加盟商）交給加盟商，也不會公開展示給社會，所以考慮到成本、實用等因素，總部手冊就不需要製作得十分精美了。

27 營運手冊要印刷多少數量

需要說明的是，並不是所有的手冊都需要印刷，有的手冊只需要列印即可（有的手冊可能還是刻錄光碟等複製形式，為敍述簡便，以下統一以「印刷或列印」代表「製作」的意思）。

其次，在確定印刷或列印的手冊數量的時候，應堅持一個鐵定原則：以需定產。即需要多少，就印刷或列印多少，不能盲目地壓縮或增加數量。而且，從某種程度來講，手冊的數量過剩比手冊數量欠缺的弊端更多，為什麼呢？因為若手冊欠缺時，企業可以邀請潛在加盟商去企業的網站流覽。但如果印過量的話，因為企業的手冊是時刻在修改、時刻在變的，那麼過剩的手冊就只能作廢了，這就造成了資源的浪費，所以，一次印刷量或列印數目應根據實際需要來定，不可因量大從優而大量印刷或列印。

在具體的手冊數量確定上，可以採取一些有效的方法來大致估算所需手冊數量。

1. 《加盟指南》

有的企業可能會頻繁地更改《加盟指南》（例如聯繫人、聯繫方

式、對已有體系的描述、加盟政策、聯繫電話、相關費用、增加新的內容等的變化），這樣，最新的資訊就必須反映在《加盟指南》裏，而一旦有了更改之後，舊的《加盟指南》顯然不能再用了，只有當廢紙處理。

在《加盟指南》下一次更改之前，企業一次印刷的《加盟指南》數量可按下式計算得來：

一次印刷數量＝日常零星散發的數量＋集中散發的數量（例如展會）＋機動數量（通常取前兩者數量之和的一個百分比，例如 5%～10%）

根據一般經驗，《加盟指南》一次的印刷數量在 2000～6000 份之間比較適宜。當然，在大規模需要的時候，例如企業要連續參加幾個大型的展會，並決定在展會上無選擇地發放給所有前來諮詢者；企業需要在其他地區大力開展體系推廣；企業決定實施郵購性的廣告宣傳等時候，就可以多印刷一點。而在企業只是針對有限的目標群體發放，且《加盟指南》的更新頻率很高或很快時，其印刷數量就可以少一些，甚至只印 1500 份或更少。

2.《單店手冊》或《分部手冊》

因為系列的《單店手冊》或《分部手冊》的數量眾多，列印起來不划算，也不正規，所以企業通常會採取印刷的方式。這就必然會涉及成本與數量的問題。

企業應根據自己的特許經營體系發展戰略規劃，估計出加盟商的數量變化曲線，同時考慮到自己的《單店手冊》或《分部手冊》的修改頻率，然後兩者結合起來，共同確定一次的印刷或列印的《單店手冊》或《分部手冊》的數量。

當然，企業也可以把手冊做成活頁的形式，這樣，以後手冊的

內容有了改變時，就只需要替換幾張活頁，而不需要替換整本手冊。但這樣做的困難是有時候無法準確確定是那幾頁紙可能會改變，同時，頁碼的問題也不好解決。

3.《總部手冊》

總部手冊不需要大規模地印刷，企業通常是自己列印並裝訂，這樣既方便、又快捷，所以這類手冊可以是「零庫存」式的隨用隨做型，亦即什麼時候需要了，就什麼時候列印和裝訂。

28 手冊的排版和格式

手冊的排版格式，直接影響手冊本身的形象、價值和讀者閱讀的方便度，和手冊的內容是一樣重要的。編寫人必須有這樣一個意識：就如同人一樣，既要心靈美，也要注意外在儀表，所以，手冊的內容固然重要，外表同樣關鍵。

不同的手冊在排版格式上應有嚴格的規定以保證統一性，這樣的系列手冊看起來整齊劃一，也給人以賞心悅目的感覺，顯得很正規，所以特許經營的「統一」性也反映在手冊的排版與格式上。

1. 文字

文字的大小、粗細、顏色、字體、樣式、位置、斜正、縮進、字間距、行間距、特殊標記等方面都會對讀者產生不同的影響，例如特殊的效果會引起人的格外注意，所以一般起到強調、突出的作用。

(1)大小。考慮到美觀、成本以及讀者的閱讀方便，一般而言，建議正文文字的大小是小四號，三級標題文字四號，二級標題文字小三號，一級標題文字三號。

對一些特殊情況，例如表格的內容和圖中的文字很多時，文字的大小可適當變為五號、小五號，但應儘量避免六號以下的字號。

(2)字體。正文文字的字體建議使用宋體，需強調的可以採用加黑、加粗(例如正文裏的小標題)。但要注意，不要只加黑或只加粗，必須同時加黑、加粗。根據實際經驗，文字的僅加黑或僅加粗的效果在電腦上和紙面上的效果是不一致的，在電腦上比較容易看出效果，但在紙面上，卻看不出明顯效果。

⑶位置。正文文字一般採用「兩端對齊」的方式，特殊要求時可居中或右對齊(例如表、圖的名稱等)。

(4)斜正。一般而言，除非需要強調的地方，文字儘量不要採用斜體。

(5)縮進。中文字的習慣是正文的每段文字首行縮進兩個字的空格，次級文字比上級文字再縮進一個字的空格即可。

在整體縮進上的安排是應使同級別的文字對齊，形成有序的錯落一致感。

(6)字間距。一般採用電腦自動默認的正常字間距，不要採用「加寬」或「緊縮」的形式。

(7)行間距。自動標題的行間距不變，按電腦自動配置即可。正文文字的行間距為 1.5 倍行距。特殊需要，例如圖表中文字的行數多時，可適當壓縮或擴大。

(8)段落間距。一般使用 Word 軟體的默認間距。

(9)特殊標記。Word 軟體中對於文字的標記還有很多特殊效果，

例如陰文、陽文、陰影、突出顯示等，這些特殊功能可用作強調顯示。

　　但要注意，文字中不要有過多的強調性標記，因為這樣會使文字看起來眼花繚亂，反而突出不了重點，缺少嚴肅性。

　　⑽顏色。除非企業願意花較大的成本來製作全部彩色的手冊，否則，一般都採用黑白的（但也有例外，例如《SI 手冊》、《VI 手冊》必須是彩色的），所以在手冊的電腦排版時，文字一般都使用黑色，因為別的顏色可能會在紙質上看不清晰。

　　2.目錄

　　手冊的目錄很重要，它可使讀者快速地找到想看的內容。在編寫電子版的時候，為了修改、排版的方便，一定要記得使用自動生成目錄的功能。用手工排出來的目錄，既排列不齊整，而且每次重新修改時都會很費勁！

　　一般最多採用三級目錄，過多會使文本顯得繁雜，過少則會使目錄看起來很單薄。

　　注意，自動生成的目錄在字體大小、行間距、斜正等方面是根據你選擇的樣式而自動形成的，為了和正文統一，在自動生成目錄後，還必須把它們改成宋體、小四號、無斜體、不加粗的形式。

　　在用 Word 電腦軟體編輯排版時，建議自動生成的目錄選項是「來自範本」、「正式」兩類，因為這兩類形式比較符合大多數人的閱讀習慣。圖 2-28-1 所列目錄樣式供讀者參考。

圖 2-28-1　手冊目錄的樣式

致加盟商……5
1　概述……7
2　×××的理念……7
　2.1　基本要素……7
　　2.1.1　企業價值觀…7
　　2.1.2　企業使命……7
　　2.1.3　企業哲學……7
　　2.1.4　企業精神……8
　　2.1.5　企業風氣……8
　　2.1.6　企業目標……8
　　2.1.7　管理思想……8
　　2.1.8　行動準則……8
　　2.1.9　服務理念……8
　　2.1.10　經營理念……8
　　2.1.11　事業領域……8
　　2.1.12　經營方式……9
　　2.1.13　組織經營模式……9
　2.2　應用要素……9
3　組織架構、崗位職責及店內區域劃分……10
　3.1　30～50m^{2}店(MINI型)……10
　　3.1.1　組織架構……10
　　3.1.2　崗位職責……10
　　3.1.3　店內區域劃分……14
　3.2　50～80m^{2}店(標準型)……15
　　3.2.1　組織架構……15
　　3.2.2　崗位職責……15
　　3.2.3　店內區域劃分……20
　3.3　80m^{2}以上店(豪華型)……21
　　3.3.1　組織架構……21
　　3.3.2　崗位職責……21
　　3.3.3　店內區域劃分……26
　　4　人力資源計劃與管理……27

3.封面

手冊的封面好比是人的臉，閱讀者對手冊的第一印象就是看手冊的封面，其重要性不言而喻。

手冊的封面要注意以下幾個方面。

⑴一目了然。例如在手冊的封面上常會有下列內容：關於保密的字樣(例如「內部資料，嚴禁外傳」、「版權所有，侵權必究」等)、公司名稱(還可以同時加上公司的 LOGO)、手冊名稱、手冊版本編碼、編寫人、編寫時間等。

⑵美觀大方，不落俗套。一個凌亂、沒有美感的封面是很容易讓人聯想到其內容也是一樣差的。

⑶文字不必過多，要提綱挈領。

4.圖表

圖表的標識一定要規範，每個圖表的排版與格式要遵照一個統一的標準。例如：

⑴每個圖表都要有自己的名字，圖名應在圖的下面，表名應在表的上面，且都要居中。

⑵圖名、表名的格式要一致，常用的格式例如：「圖 3-4 ×××××」表示的是名字為「×××××」的第 3 章的第 4 個圖；「表 5-1　××××」表示的是名字為「×××××」的第 5 章的第 1 個表。

⑶圖表要分開排序，不能混淆。

⑷表的標題欄文字居中，加黑、加粗。

⑸圖、表本身都要在頁面居中。

⑹一般情況下，表格大小為「根據視窗調整表格」，表外框可適當美化，例如加粗等。

⑺注意圖、表的寬度，不要超過列印允許的區域。

⑻圖表的上下都要與正文文字之間空一行。

5.頁眉和頁腳

從使用方便上講，頁眉和頁腳中可以有些點綴性的圖形和文字，例如放一些便於閱讀和使用的閱讀輔助工具等。

通常情況下，可以放在頁眉和頁腳中的內容包括頁碼（最好是「共×頁第×頁」的形式）、手冊名稱、本頁所屬章節名稱、企業的LOGO、本手冊的版本號等。

頁眉和頁腳中的文字和圖形都要精練，文字大小要比正文小兩號，不能喧賓奪主。

6.頁面設置

一般採用縱向頁面排版，當遇到大圖、大表時可以專門為這些圖、表設置單獨的橫向頁面。頁邊距一般採用 Word 電腦軟體自動默認的大小，儘量避免自己人為手動設置，若特殊情況一定要人為設置，應使每本手冊都一致。

7.標題

自動生成目錄的標題，在正文裏的情況一般是三級標題文字四號，二級標題文字小三號，一級標題文字三號。標題文字全部是加黑又加粗。

標題可以有多種不同的形式，企業可根據自己的喜好選擇。例如可以採用傳統的章、節體。建議使用阿拉伯符號的符號標記型，因為這樣邏輯清晰、便於查找和使用，現在也比較流行。具體樣式可參考圖 2-28-2。

圖 2-28-2　標題的符號標記型樣式

禮儀規範

1　總體禮儀規範

　1.1　制服

　· 所有員工在上班期間必須穿著總部規定的統一服裝

　· 所有員工必須佩戴工號牌上崗，工號牌應戴在工作服左上方指定位置，同時注意橫平豎直

　· 制服須保持整潔，不可穿髒、破、皺的制服上班

　· ……

　1.2　儀表、儀容

　· 人員在營業中，應身著工作服，將工號牌佩戴在左胸上方處，不得遮蓋或佩戴在其他部位

　· 上班時間，要求帶妝上崗，髮型要簡潔大方，便於工作

　· 形象顧問應化自然淡妝，形象助理可以多加修飾，但必須得體

　· 店員不得使用味道過濃的香水

8.順序符號

在表示順序的符號時，要遵守一個一致的規範，包括符號順序、符號後的標點符號、縮進尺度、文字後的符號等，例如一般被習慣採用的規範如圖 2-28-3 所示(按順序進行，注意序號後的標點符號)。

圖 2-28-3　順序符號規範示例

　　另外，儘量不要用自動排序的符號功能，因為這樣很容易在再排版時發生混亂，也不能使用格式刷進行快速操作。

　　在上面的順序符號中，若符號後只是一句標題性的文字，則文字結束時不加任何標點符號。若後面超過一句話，則可以考慮加上相應的標點符號。

9.項目符號

　　儘量使用自動生成的「●」、「★」等項目符號。不管其後面的文字有幾句，結束時一般不用加任何標點符號。一本手冊裏的同種縮進尺度的項目符號要整齊一致。

29 營運手冊印製色彩的選擇

　　從美觀方面來講，當然是彩色的比較好看一些，採用何種色彩，要留心公司 CIS 是否有規定。但從成本以及實用性考慮，就沒有必要全部做成彩色的。除了個別特殊需要的手冊必須做成彩色的之外，例如《SI 手冊》、《VI 手冊》之類，其餘的手冊應儘量採用黑白色。

　　採用黑白印刷的手冊也不是絕對的，可能黑白文字的手冊裏也會需要個別彩色的頁面，例如介紹商品知識或講解陳列時，可能會需要彩色的圖片才能把問題說得更清楚。

30 編寫手冊需要的基本工具

因為編寫手冊時需要外出調研，進行內部訪談、查找資料、實際體驗、現場觀察、分析研究、撰寫、設計等工作，所以編寫人必須配備一些基本的記錄、編寫、保存和設計等方面的工具。俗話說得好，「工欲善其事，必先利其器」，有了良好的工具，手冊的編寫品質就有了基本的保障。

一般而言，編寫手冊時需要配備下列基本工具：

· 電腦

· 電腦軟體：OFFICE 辦公操作軟體、photoshop 之類的製圖軟體

· 電話

· 筆和筆記本

· 錄音筆

· 數碼相機

· 錄影機

· 影印機

· 印表機（最好還有彩色的印表機）

31 編寫前一定要參考企業內資料

為了提高編寫的效率和速度，手冊編寫前會需要企業提供一些現成的資料，避免編寫人再去費力地搜集、整理，尤其當編寫人是企業聘請的外部專家時就更是如此。

⑴公司(包括創始人、高層、重要人員)的簡要介紹。

⑵公司各類執照、證件的影本。

⑶公司各類關於自己的音像資料。

⑷公司各類廣告、行銷、促銷、合作、交易、商業計劃書等文件。

⑸各類產品的說明(產地、價格、名稱、用途、用量等)。

⑹已有加盟店的各類合約、文本資料、備忘錄等。

⑺公司各類對外宣傳資料(文本、實物、電子版等)。

⑻公司內部的培訓教材、資料。

⑼外界對公司的文字、音像等的寫實、報導等。

⑽公司各類廣告(文本、實物、電子版等)。

⑾公司及各部門規章制度。

⑿各類合約等法律文件。

⒀單店及總部的 CIS 手冊(文本、實物、電子版等)。

⒁公司及各店的近三年的財務報表。

⒂人員檔案及相關記錄。

⒃店內各類說明、POP。

⒄各類技術的描述或規章制度。

⒅各類人員的名片各 2 張。

⒆裝潢圖紙的影本。

⒇公司的各類訴訟資料。

(21)公司網站的內容。

(22)公司認為有必要提供的其他資料、實物等。

32 做內部訪談時的注意事項

為了保證訪談的效果，訪談時要特別注意一些事項。

1. 訪談前由公司高層在全體員工大會上宣佈即將進行的訪談事項，以引起大家的重視。

2. 提前通知受訪者，以便其做好工作安排，可以有效防止他們在接受訪談時受外界干擾。

3. 訪談前先說明本次訪談的目的、原則、注意事項等。

4. 事先擬好訪談的題目和細級分類，可能的話，再分成更細小的題目。

5. 訪談內容以事前的提綱為主，但有可能出現臨時的問題，這類問題事後也應加入到訪談記錄中。

6. 高層訪談和員工訪談要分開，因為有些內容是要保密的，有些內容是不方便另一方聽到的。

7. 製造輕鬆氣氛。

8. 最好在訪談時關閉手機和電話。

9. 設法讓受訪談者暢所欲言，不要輕易打斷受訪者說話。

10. 控制好節奏，不要向無關的方向引導太多。

11. 把握主流問題，減少無關問題的浪費時間。

12. 群體訪談時，圓桌會議室最好，建議採用訪問者和受訪者混合坐的方式，不要採用兩方談判的對立式。

13. 高層訪談可以在其辦公室進行。

14. 員工訪談可以在其崗位上進行，但要注意不能影響其他不受訪談者的工作或休息。

15. 高層主管訪談最好安排在晚上，因為主管們白天忙。

16. 員工訪談最好安排在白天，因為晚上休息，不應佔用其休息時間。

17. 措辭最好和訪談對象水準相一致，例如對方教育文化水準不高時，儘量少用專業術語。

18. 確實不可避免的專業術語時，要主動、提前向受訪者解釋專業術語的含義。

19. 一人主問，其餘人輔助，不要讓談話冷場。

20. 如果後面的問題在受訪者前面的談話中已經回答過了，訪談者就不要再問第二遍了，以免讓對方覺得根本不在意他的談話。

21. 訪談者一定要注意聆聽、記錄，最好使用錄音筆之類的工具，因為純粹的手寫記錄受記錄速度限制，可能會產生遺漏。

22. 最好兩個以上的訪談人同時記錄，因為一個人可能中途需要中斷（例如上廁所等），也可能有遺漏的地方（例如走神、沒聽清楚等）等。

23. 如果受訪者對某問題的回答是「否」、「目前尚未確定」或類

似的否定性、含糊性結果時，應繼續追問按受訪者的理解或意願，他們希望是什麼答案。

24.對每個問題要求得到十分明確、具體的答案，並在可能的 情況下儘量用數字表示。

25.儘量獲得書面、電子版、圖片、音頻、視頻之類的硬性資料。

26.訪談備忘錄整理後，請受訪談者簽字確認。

27.在訪談時不要按自己的目的來誘導對方，要使他們自由、客觀、真實地表達自己的想法、意願。

28.對暫時無法獲得答案的問題，應與受訪者商定可以獲得的準確日期和聯繫方式。

29.群體訪談時，最好是受訪者人數應大於等於實施訪談者，以避免受訪者有心理壓力。

30.友好交談，不要觸及私人秘密。正式的訪談和非正式的訪談相結合，非正式的訪談例如在娛樂休息時間閒聊時向受訪者發問，這樣可能得到他或她更真實的想法。

心得欄

- -

- -

- -

- -

- -

- -

33 如何同步更新加盟商手中的手冊

保持手冊同步更新，根據每個企業的實際情況，可以考慮下面的幾種辦法：

1. 以舊換新。重新製作手冊，讓加盟商拿舊手冊換新手冊。其好處是可以保證加盟商不會出錯，手冊的完整性比較好，但弊端是成本較高，而且除非對新改的內容做出特殊標記，否則加盟商可能不知道新的手冊中到底什麼地方進行了更改。

2. 替換活頁。最開始印製手冊時就把手冊做成活頁，更改的地方就用新的活頁替換舊的。這樣做的好處是修改成本小，方便快捷，但弊端是事先很難準確預測到後來可能會修改的地方，而且頁碼的修改也是一個難題。

3. 覆蓋修補。依照手冊的大小，專門就修改的地方重新印刷或列印，然後貼在舊手冊的對應位置處。這樣做的好處是成本小，通過張貼的外觀很容易判斷出在什麼地方做了修改，但弊端也很多，例如如果改的地方大小和舊處相差很多，則貼出的地方很不美觀，而且即使同樣大小，到處貼了紙條的手冊也不美觀，而且紙張的新舊也有差異。

4. 專門手冊。專門就所有修改的地方彙集成一本手冊或類似時事通訊月刊的東西，然後下發給所有加盟商，並約定在所有手冊的同樣內容中，以此手冊的內容為準。這樣的好處是避免給老手冊造成不美觀，也使新修改的內容集中到一起，容易為加盟商所識別，

但缺點就是加盟商在查閱內容時，需要新舊手冊同時作比較，容易出錯，使用起來不方便。

簡而言之，手冊的所有「正在使用者」和「潛在使用者」都必須儘量在第一時間及時地知道手冊內容的修改。事實是，企業一般都能做到讓「正在使用者」及時知道手冊的修改，但「潛在使用者」卻不能得到及時的通知，結果就因資訊溝通的失誤而給企業帶來了麻煩和損失。所以企業要做的就是使手冊的編寫人與手冊的所有「正在使用者」和「潛在使用者」隨時保持密切的溝通，應定期、不定期地舉行專門的資訊溝通說明會，例如每週一次，或只要修改就隨時通告說明等。

34 如何控制手冊編寫的品質

全面品質管理的核心思想就是以品質為中心，建立全員參與基礎上的管理，目的在於通過讓顧客滿意和本組織所有成員及社會受益而達到長期成功的管理途徑。

企業在手冊的編寫工作中，必須用全面品質管理的核心思想來進行整套系列手冊的維護和不斷地升級。具體說來，就是：

1. 全面優秀。正確理解「品質」的概念，全面改善手冊編寫的品質。手冊編寫中的每一個字、每一個標點符號、每一句話、每一本手冊、每一個版本、每一個格式等都需要優秀的「品質」，手冊的品質既包括手冊的內容，也包括手冊的格式、排版，還包括手冊的

外觀等，優秀手冊的判別依據是每個方面的全面優秀，而不是某幾個主要方面的優秀。

2. 全程控制。手冊的品質來源於手冊編寫工作中的每道程序，包括手冊原始目錄的設計、編寫計劃的制定、每個版本的討論、在實踐中驗證、持續的修改等，只有每道程序都做好了，手冊的品質才有了基本的保證。

3. 全員參與。手冊編寫過程中的每個人，包括執筆者、提供資訊者、參與討論者、手冊製作者、保存者、具體使用者等，都要堅持品質第一的原則，切實對手冊的編寫品質負責。

4. 以人為本。以手冊使用者或閱讀者為中心提高手冊品質，讓他們滿意，為他們提供方便、輕鬆和價值是手冊編寫人員的最高目標。

5. 「從頭開始」。無缺陷的產品和服務不是最後檢驗測出來的，也不是中間生產過程用統計分析控制出來的，而是從工作的一開始，例如在計劃、設計階段就決定了的，所以，對於手冊編寫品質的控制和管理也應堅持一切「從頭開始」的原則。

6. PDCA 循環是能使任何一項活動有效進行的一種合乎邏輯的工作程序，它在全面品質管理中得到了廣泛的應用，並因此而出名。

PDCA 循環的其中一個特點就是它在不斷的循環中上升，在上升中再不斷循環，不滿現狀、追求更好是全面品質管理的真諦。

編寫手冊時也應如此，應該樹立持續創新的精神、居安思危的意識、追求卓越的鬥志、永不停步的觀念，把特許經營的手冊推向品質更好的層次。

35 店鋪運營手冊的修正

(1)店鋪運營手冊的編制原則

專業化：專業化的流程設計與工作規範。

標準化：嚴格根據編制要求進行編寫。

獨特化：符合零售企業文化及個性特點。

簡潔化：簡潔的語言說明與易於使用的工具表單。

(2)店鋪運營手冊的撰寫原則

①簡明易懂，細分歸類，定向組合；

②特許經營的一個最顯著特點，就是其作業流程的 3S：簡潔化、標準化和專業化。而這也是編撰店鋪運作手冊應當遵循的原則之一；

③語言力求嚴密精準，內容力求具有穩定性；

④在指定的時期把指定的信息傳送給指定的人。

(3)店鋪運營手冊的編制過程

企業流程的持續改進是一個週而復始的過程，它沒有起點，更沒有終點。企業要在這個社會環境立於不敗之地，就必須持續改進。

每個手冊在形成初稿之前需要經過三次的修訂、補充。初稿形成後，提交委員會審核，初稿審核後，運營手冊進入門店進行實驗驗證。

36 （案例）肯德基的特許加盟之路

　　肯德基在中國的連鎖經營餐廳有 95%是直營店，只有 5%是加盟店，開始特許加盟的嘗試開始於 1993 年，自 2000 年起，肯德基在中國採取了「不從零開始」的特許方式，這是肯德基品牌策略成功的代表性策略，獨具中國特色。所謂「不從零開始」是指：肯德基將一家成熟的、正在贏利的餐廳轉手給受許人。受許人不需進行自己選址、開店、招募與培訓員工等大量繁重的前期準備工作。這是現階段肯德基在中國市場開展特許經營的一個最佳方式，因為將一家正在贏利的肯德基餐廳交給受許人，受許人的經營風險就會大大降低，僅靠維持便可成功。

　　肯德基對於受許人的審核要求十分嚴格，受許人除必須擁有 100 萬美元或 800 萬元人民幣作為加盟及店面裝修、設備引進等費用外，還必須具有經營餐飲業、服務業和旅遊業等方面的背景和實際經驗。800 萬元是根據一些綜合指數制定的購買一家肯德基餐廳的參考價格，實際轉讓費用將視目標餐廳的銷售及利潤狀況而定。加盟商支付這筆費用後，即可接手一家正在營運的肯德基餐廳，包括餐廳內所有裝飾裝潢、設備設施，及經過培訓的餐廳工作人員，且包括未來在營運過程中產生的現金流量和利潤。但不包括房產租賃費用。

　　肯德基不允許使用自有店面開新店，只轉讓已經正在運營的肯德基餐廳。從開始申請到轉店時間在 6 個月左右：加盟經營協議的首次期限至少為 10 年，未來的受許人必須自願地從事肯德基加盟經

營 10 年以上，最好是 20 年。培訓是加入肯德基時必備的內容，成功的候選人在經營餐廳前將被要求參加一個內容廣泛的為期12周的培訓項目，12 周的餐廳培訓使受許人有效掌握經營一家成功餐廳需要瞭解的值班管理，領導餐廳等課程，還包括如漢堡工作站、薯條工作站等各個工作站的學習。受許人接手餐廳後，還要安排為期 5-6個月的餐廳管理實習。可以看出，在特許加盟的嚴格規定背後，是肯德基總部和加盟店共同的利益關係。肯德基的成功取決於各加盟商的成功。特許經營授權人必須給予受許人以足夠的支援，只有當每個受許人贏利了，整個特許加盟系統才能變得更加強大，才能實現肯德基總部和加盟店的共同成長。

肯德基每轉讓一個店面，將獲得特許經營初始費 37600 美元，並且一次性轉讓費 800 萬元人民幣，每年還有占銷售額 6%的特許經營權使用費和占銷售額 5%的廣告分攤費用，通過轉讓所得資金還可以繼續開店，對於肯德基來說是一條無風險高速擴張之路。對於受許人來說，加盟肯德基，通過培訓，可以掌握先進的企業管理，自己親自管理肯德基，往往比聘請一個職業經理人要更用心，轉讓後的店，所得收益也會比以前更多，同時還會給肯德基省去不菲的管理費用。受許人站在肯德基的肩上，通過自己辛勤經營，也能為自己帶來可觀的收益。這種嶄新的特許經營方式被肯德基稱為「中國特色」，這與國內一些隻收加盟費，對投資者沒有管理，沒有培訓的連鎖店主比起來，肯德基強烈的品牌意識正是其成功的另一保證。在中國數以百計的特許經營品牌中，肯德基的「不從零開始」的特許經營大概是最穩健、也是整體效果最好的。這種方式保證了肯德基一直追求的雙贏——投資者幾乎沒有風險地賺了錢，肯德基沒有風險地擴張了品牌的市場佔有率。

第 三 章

加盟招募手冊的設計

1 加盟招募文件的設計

在特許連鎖經營理念的導入、基本設計、樣板店、總部架構以及手冊（總部手冊和單店手冊）都完成之後，企業特許連鎖經營體系的構架就基本建立起來了，特許連鎖經營項目組以後的任務便是著手進行特許連鎖經營加盟推廣體系的設計和營建。

一般而言，特許連鎖經營加盟招募時的相關文件有六個：加盟申請表、加盟指南、特許加盟意向書、特許連鎖經營合約、合約附件、特許連鎖經營授權書。

1. 加盟申請表

這份問卷只用來收集一般資料，在法律上不會對公司或申請人構成任何約束力。不過提出申請的一方必須在他的能力範圍內據實填報所有資料，以便公司能夠根據這些資料來評估申請人的資格。

2.加盟指南

企業應按照加盟指南的具體內容、原則進行設計。除此之外，企業在實際設計和撰寫時企業應根據自己的具體情況予以增、刪、修、改。在實際撰寫時還要注意以下幾方面。

(1)一般情況下，文字和圖案等內容部份由企業自己選擇和確定，但《加盟指南》的外觀設計與製作最好請外部專門的藝術設計公司來做，因為在顏色的搭配、位置的協調、大小的配合、字體的設置、內容的編排、整個加盟指南書或小冊子的風格、式樣、紙張性質等等方面，都要求比較專業甚至帶點藝術風格，如此才能在時下眾多的宣傳材料中凸顯自己，才能引起潛在受許人的注意。這樣的手冊既體現了特許人的意願，也具備了藝術化的效果，效果是最理想的。

通常情況下，企業準備好了內容且雙方配合順利的話，設計公司可以在 1～2 天之內就拿出設計樣品，然後出片、打樣、交付印刷，並一直到最後的《加盟指南》印刷出來，總共需要大概一週的時間。因此，企業可以據此時間合理地安排各個文件的編寫和印刷計劃。

(2)加盟指南的一次印刷量應根據實際需用來定，不可因求便宜而貪多。不能大量印刷的另一個原因是，有的企業可能會頻繁地更改加盟指南內容。

(3)企業在設計時，無論是加盟指南的內容，還是其外觀，都要善於學習借鑑別家企業的做法，這些「別家企業」指的並非只是本行業內的競爭者，而是包括所有行業、地區的特許人企業。現在，每次的特許連鎖經營展會都是各家特許人進行加盟指南集中大比拼的戰場，企業可以盡情地收集並加以比較。即使不參加展會去親自收集，企業也可以有諸多方法能收集到許多特許人的加盟指南，例

如以諮詢的名義或扮演成潛在受許人去索取相關資料等。總之，企業要善於吸收別人的長處、善於吸收最新的設計理念和形式，然後用這些先進的、有效的東西來「合理化」自己的加盟指南，但不能盲目地「全盤照抄」，以免被指有抄襲之嫌。

(4)加盟指南上的內容，尤其是關於單店投資收益的部份，一定要真實、準確和經得起推敲。在特許連鎖經營展會上有無數的加盟指南，其中就有一些存在著各種各樣的毛病，結果是貽笑大方。

例如有的連起碼的財務知識都搞錯了，固定資產、遞延資產、流動資產分不清楚；有的在計算投資收益時，有些重要項目的明顯地有遺漏；有的對一些單店預計費用數值的估計不合理或不符合實際情況；有的白字、別字、錯字連篇，甚至連聯繫地址與方式也會有錯；有的企業在描述自己優勢時為了湊夠「十大」、「八大」項內容，竟不惜反覆地從不同角度述說一件事情，或乾脆把公有的優勢也說成是自己的特色等等。試想，這樣錯誤百出、平庸拼湊出來的加盟指南，怎麼能讓潛在受許人放心地加盟呢？所以，特許人在設計加盟指南時，一定要仔細謹慎、反覆校對，不能有半點偏差，否則就會影響企業的形象和招募效果。

(5)加盟指南上的有些內容，例如加盟政策、特許人對受許人的支持、對未來加盟店的利潤預計等等，其實也是特許人對受許人的一種承諾，而一旦有人加盟，特許人就必須履行這些承諾，因此，特許人對待這些承諾必須持有嚴肅認真的態度，不能僅僅為了吸引受許人而海闊天空地胡亂承諾，因為那些不能兌現的承諾一定會給日後特許連鎖經營雙方的糾紛埋下隱患，這一點必須引起特許人的高度注意。而且，因為現在特許連鎖經營熱潮的掀起，潛在的受許人也都具備了日益豐富的防欺詐知識，所以，太過誇張的承諾反而

會引起潛在受許人的懷疑和警惕。

3.特許加盟意向書

一般，在雙方簽訂正式的特許連鎖經營合約之前，都要簽署一份《特許連鎖經營加盟意向書》，其目的是為了給潛在受許人一定的時間來慎重考慮最後加盟的決心，在此期間，特許人不能再將潛在受許人意欲加盟的區域單店特許權再授予他人。

4.特許連鎖經營合約

分為特許連鎖經營主合約及輔助合約，其中，特許連鎖經營主合約又可分為區域特許連鎖經營合約和單店特許連鎖經營合約。

5.合約附件

合約附件的內容是特許人或加盟商認為在加盟合約之外還需說明的事項，根據與每個加盟商談判情況的不同，附件的內容也有所不同。

6.授權書

為了美觀和表示隆重，特許人通常將特許連鎖經營授權書，做成牌匾或掛件的形式。其大致內容和格式如圖 3-1-1 所示。

圖 3-1-1　授權書

編號： ×××(特許人全稱)茲授權_____(受許人全稱)獲得_____(受許人加盟地區準確的全稱)特許連鎖經營權資格。 授權內容： 授權期限： 經營地點： 備註： ×××(特許人全稱) _____年___月___日

2 招商手冊的效果

1. 要深具視覺衝擊力

在招商會上，企業向加盟商發出的招商手冊及 DM 宣傳單，要使自己的招商手冊深深吸引加盟商，珍藏細讀的話，那麼首先得在視覺效果上下工夫，既要設計新穎、印製精美，還要符合品牌文化內涵與企業公眾形象。像四川大宅門酒業公司的宣傳冊就是以「門」字造型，採用高檔金黃色紙張印製，盡顯企業尊貴氣派與品牌形象，頗具檔次，一般欲扔者都覺可惜，這樣，就創造了一個讓客商流覽的機會。

2. 散發方式很重要

招商會期間人流如織，形形色色的人都有，而招商手冊不能見人就發，這樣不但達不到預期效果，還將產生不必要的浪費。對一些將在會期舉辦新品推介會或加盟商聯誼會之類活動的企業，在會前就應把招商手冊寄送到自己熟悉或瞭解的加盟商手中，以便讓他們提前瞭解您的產品資訊，從而促進會期招商效果。

3. 招商手冊必須具備的內容

招商手冊應該是對招商活動一個全面而詳細的說明書，以增強加盟商對新品的認知度及經銷興趣。招商書中必須有企業概況、產品特點、市場潛力、加盟條件、合作方式及獎勵政策等基本內容，要求簡明扼要、主題鮮明，能讓加盟商充分瞭解企業的行銷模式與品牌情況。

4.需有競爭力強的招商機制

招商手冊的核心內容就是招商機制。即使產品再好、畫冊再美觀，招商機制如沒有吸引力，那也是白搭。在建立招商機制時，一定要謹慎嚴密、因勢利導，須充分考慮市場競爭狀況和競爭對手在招商會上的一些可能性舉措，否則招商手冊就相形見絀了。

5.業務及時跟進

在向加盟商散發招商手冊時，可索取一張名片。招商會期間，把收集到的加盟商名片進行整理分類，然後及時打電話聯繫，可詢問對方對本公司產品有無意向，或約時間見面洽談，或說些問候、祝福之語。總之，業務與服務工作要及時跟進，抓住一切可利用的機會加強與加盟商的溝通。

3 加盟店招募部門的工作計劃

全球商業特許連鎖經營的歷史證明，加盟商是特許連鎖經營體系的決定性一環。沒有加盟商的加盟和單店的營建，也就談不上特許連鎖經營體系的發展。特許連鎖經營體系的生存和發展是由特許人和加盟商的這種「夥伴」關係決定的。因此，能否招募到合格的加盟商並高質量地營建單店，是特許連鎖經營體系成功的關鍵一步，也是最基本的一步。

1.加盟商招募工作的內容

· 研究和制定加盟商的加盟條件。

- 擬訂年度招募計劃。
- 策劃招募活動和廣告。
- 審核加盟申請。
- 與準加盟商談判簽訂加盟意向書。
- 與加盟商談判簽訂加盟合約。

2. 加盟商招募工作職業素質要求

加盟商的招募是特許連鎖經營總部的重要工作之一，總部配置有相應職業素質的人員專職負責該項工作，配置的招募人員要有以下特別的職業素質：

- 熟悉有關特許連鎖經營法律法規和政策。
- 熟悉本特許連鎖經營體系的企業歷史、文化與經營理念。
- 熟練掌握本體系特許連鎖經營合約的各項條款。
- 熟知本體系招募加盟商的條件。
- 熟知本體系特許連鎖經營業務內容。
- 良好的溝通能力。
- 豐富的談判經驗和談判技巧。
- 正直誠實、強烈的責任心。
- 形象好，給人誠實、敬業、專業的感覺。

3. 招募部門的工作崗位職責

(1) 招募工作的組織機構圖

招募工作的組織結構可以是非常簡單的直線制，這樣的工作效率高、溝通速度快、各崗位和人員的職責分明。

對於有些特許人，特別是那些較小型的特許人而言，招募工作也可以只設招募顧問一種崗位，然後聘請若干在行政級別上屬於同級的招募人員進行加盟商的招募工作，所有招募顧問都直接對總部

的負責特許連鎖經營體系市場推廣的副總經理負責。各個招募顧問的職責範圍，實際上就融合或兼備了上述直線制中招募主管和招募諮詢人員的應有職責。

特許人的招募人員分組標準可以是按地區進行，例如分為 A 組、B 組等；也可以是按招募工作的流程時間順序進行截取式地分工協作，例如有人負責前期的發佈資訊、回答諮詢等，有人則專門負責中期的實地考察、與潛在受許人談判並簽訂合約，有人則負責對受許人的培訓、幫助受許人進行單店營建等。

⑵招募人員的工作崗位職責

①招募經理的崗位職責

a. 根據上級下達的年度經營指標，制定加盟商招募計劃和工作進度、分階段拓展目標、實施方案和執行策略。

b. 對分階段目標進行任務分解、組織實施、督導完成，以系統的方式計劃所有活動，以減少或避免低效率。

c. 建立基本的加盟系統，制定加盟作業流程，設定合格加盟商的基本條件。

d. 負責對加盟商的資信及業務拓展計劃（區域、店數、時間）進行審核及評估分析。

e. 負責對準加盟商招募的談判及資訊管理結果的呈報。

f. 負責對合約的解釋說明和合約的簽訂。

g. 定期對本部門工作效率進行分析及評估，並指導部門所屬人員進行整改。

h. 本部門所屬人員需要公司支援時，給予相應支援及與其他相關部門協調處理。

i. 對本部門所屬人員規劃的工作建議，進行審核、評估。

j.領導、培訓、激勵、評估及督導部門所屬人員不斷提高其業務水準及績效。

k.接受上級領導的業務督導和業務培訓。

l.與其他部門密切合作，完成上級交待的其他工作任務。

②招募主管的崗位職責

a.負責協助上級主管對加盟商招募工作制定計劃、構思及協調安排。

b.接受上級主管的業務督導和業務培訓。

c.與其他部門合作，完成上級主管佈置的工作任務。

d.負責協助上級主管對加盟店招募工作的計劃構思及安排，協助上級主管推行招商活動。

e.負責與準加盟商的聯繫、跟蹤洽談、談判總結的呈報。

f.參與招募加盟商的資格審核和評估分析。

g.負責對競爭對手資訊的收集及參與應對策略的制定。

③招募人員的崗位職責

a.負責「招募熱線」的接聽和客戶諮詢。

b.負責對加盟申請人以書面、E-mail、傳真等方式進行諮詢。

c.負責「加盟申請人數據庫」的建設和維護。

d.負責「加盟申請人數據庫」的數據錄入。

e.負責所有加盟招募相關文件的編寫。

f.負責整理和保存所有加盟招募資料。

g.參與招募加盟商的資格審核和評估分析。

h.與其他部門合作，完成上級主管佈置的工作任務。

i.負責協助上級主管對加盟店招募工作的計劃構思及安排，協助上級主管推行招商活動。

4.招募工作的流程

(1)加盟商招募工作流程

圖 3-3-1　加盟商招募工作流程

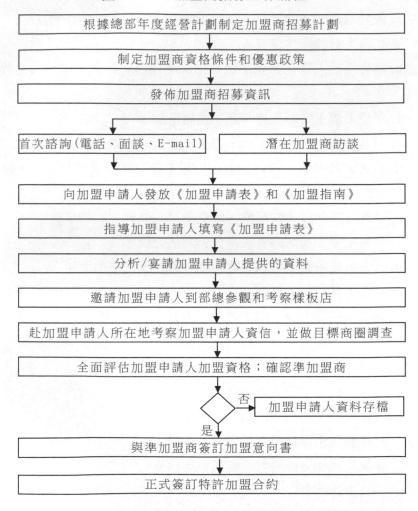

(2)招募方法

①制定總體特許加盟招募的目標計劃

a.整個特許連鎖經營體系中總部直營店與特許加盟店的比例：_____。

b.整個特許連鎖經營體系計劃於_____年完成。

c.自_____年開始，每年發展_____個區域加盟商或_____個單店加盟商。

d.特許連鎖經營體系在地區上的推廣計劃是：_____

---

②制定年度招募計劃

在這一階段，工作人員必須清楚地瞭解總部的經營目標、經營戰略和經營方針，以使招募工作計劃和進度與總部整體計劃相配合。在此基礎上，經過團隊的集體討論，用一個甘特圖將全年的招募行動計劃展示出來。應用甘特圖的好處在於：在一張紙上，將各種資源在時間和空間上的分配做出充分和清晰的展示，同時可以明確地顯示責任人和工作進度要求。

③制定加盟條件和加盟商招募優惠條件

這一項工作是政策性相當強的工作，工作人員應當多做調查研究並多方徵求意見，在此過程中，腦力激盪法是最好的決策工具。

加盟條件主要是對受許人的要求，有人也將之稱為招募標準。制定招募標準即對加盟商資格進行要求，是能否招募到合格加盟商的前提，制定招募標準時可從潛在受許人的如下幾個方面考慮。

a.信譽(個人品德、商譽等)。

b.資金實力。

c.經營經驗(本行業經營經驗、其他行業經營經驗、無經營經

驗）。

　　d.加盟動機（有強烈的創業慾望，欲借助特許連鎖經營創立一番事業；有一定的閒置資金，欲投資於回報高於銀行利息的生意；退休後希望能有寄託）。

　　e.教育文化素質（高中以上、大專以上、本科以上）。

　　f.家庭關係（配偶、子女等）。

　　g.身體健康狀況。

　　h.心理素質（承受壓力、自我約束、拼搏奮進等方面）。

　　i.個人社會關係、人脈資源狀況。

　　j.個人能力和資歷。

　　k.個人基本情況（年齡、性別、家庭所在地、戶籍、國籍等）。

　　l.對本體系的企業文化認可程度。

　　各個特許人體系對受許人的要求都不盡相同，特許人應針對自己單店運營的實際需要、針對自己樣板店經理人分析的結果、針對已有受許人特徵的分析，並同時考慮到自己的期望，粗略地定出受許人「模型」。此模型不能太詳細，應留有一定的餘地，因為太詳細的「受許人模型」描述，會使招募工作喪失很多有發展潛力的潛在受許人。模型也不能過分寬泛和模糊不清，因為這樣會使招募人員在實際的工作中無所適從，或感到每個申請者似乎都合適。

　　⑶發佈加盟商招募資訊

　　企業應充分利用一切機會向外界或目標招募地區發佈自己的招募加盟資訊，以吸引盡可能多的申請人。

　　①在特定的區域性媒體上發佈招募區域加盟商或單店加盟商資訊。

　　②在面向目標區域的固定媒體上發佈通用招募資訊。

③參加全國性和地區性特許連鎖經營展覽會。

④建立企業的網站，發佈電子招募加盟資訊。

⑤委託資訊公司、諮詢顧問公司、代理商、經銷商、營銷仲介等第三者進行招商。

⑥召開地區性的招募發佈會，現場發佈加盟資訊。

⑦電話營銷。

⑧郵寄營銷，包括普通信件郵寄、電子信件郵寄等。

⑨鼓勵已有加盟商或受許人推薦。

⑩鼓勵企業的合作夥伴和關係戶推薦。

(4)加盟申請人的諮詢和資訊收集

這部份工作內容包括以下幾方面。

①首次諮詢（面談、電話、E-mail、傳真）。

②向加盟申請人發放《加盟指南》和《加盟申請表》。

③指導加盟申請人填寫《加盟申請表》。

這部份工作是相當基礎性的工作，需要注意以下幾點。

①設立招募熱線，由經過培訓的招募諮詢員負責，認真回答諮詢；下班後熱線應有自動回應功能。

②所有信件、傳真、電子郵件每天由招募諮詢員接收，並每日整理歸檔。

③招募諮詢員記錄所有的資訊並填寫在《招募資訊記錄表》上。

④疑難問題由招募主管回答或記錄後請教招募主管再回覆。

⑤展覽會及招募會現場諮詢由招募經理負責。

⑥所有發出的書面文件要確保準確無誤。

⑦彼此之間要經常保持高度的資訊共用和交流。

⑤加盟申請人的考察和篩選

這部份工作內容包括以下幾個方面。

①分析/審核加盟申請人提供的資料。

②邀請加盟申請人到總部參觀和考察樣板店。

③到加盟申請人所在地考察加盟申請人的資信，並做目標商圈調查。

這部份工作是與潛在加盟商進行大量溝通的階段，也是宣傳和推廣本特許連鎖經營體系的好機會。在這一階段，特許人與加盟商相互考察，因此必須做好以下工作。

①清楚地向加盟申請人傳達企業的理念、文化以及加盟條件、優惠政策。

②樣板店的規範操作及店面陳列要到位。

③赴加盟申請人所在地考察要細緻耐心，有效率。

④在可能的情況下，一個地區至少要選擇兩個以上加盟申請人作為候選對象。

⑤加盟申請人的資料輸入數據庫存檔備用。

⑥加盟商資格的全面評估和加盟意向書的簽訂

這部份工作內容包括以下幾方面。

①全面評估加盟申請人加盟資格，確認準加盟商。

②與準加盟商簽訂加盟意向書。

這部份工作是屬於決策性的，因而要求做到以下幾點。

①加盟商資格的全面評估工作應由一個工作小組負責進行。小組成員應包括：招募經理、招募主管、財務經理、總部營運經理等。

②加盟商資格的全面評估使用打分制。評估指標包括：組織狀況、資本信譽狀況、業務拓展和管理能力、市場運作能力、社會關

係、與總部的關係、經營方案等。

　　經過上述全面評估，對一個城市而言，要從若干個加盟申請人中篩選出一個確認為準加盟商。然後要填寫一份準加盟商申報表報主管批准。

　　③經評估認可後的準加盟商要與特許人簽訂一個加盟意向書。

　　④經過上述全面評估暫時不能入選的加盟申請人也應得到妥善對待。由招募諮詢員禮貌地及時通知對方特許人的評估結果，並表示感謝。

　　(7)特許連鎖經營加盟合約的簽訂

　　在與準加盟商簽訂加盟意向書後，招募工作人員應就特許連鎖經營加盟合約及其附件的各項內容與準加盟商進行談判。

　　在完成上述一切準備工作之後，即應與準加盟商簽訂特許連鎖經營加盟合約和(××商標使用許可合約)。同時總部授予加盟商相應的身份證書和標識。

　　(8)加盟商的營運指導

　　在雙方簽訂完合約之後，特許人應立即組織受許人單店的營建工作，主要的內容就是按照單店的《開店手冊》和《營運手冊》進行實踐操作。

　　雖然特許人在受許人加盟的前前後後都給予了大量、詳細的培訓和指導，但在加盟商實際建立單店並運營時，特許人一般都還應派遣總部人員或委託分部相關人員前去實地指導和幫助，以便加盟店可以順利地開張和運營。

　　在單店開業時，總部派遣特許總部的高層人員親臨現場，主持開業儀式，以示對受許人的支持和重視。

　　為了確保加盟單店的開業後正常渡過試運營期，特許人總部應

派遣管理、技術等各個關鍵方面的專家，在受許人單店裏進行為期 1 ～3 個月的跟班指導，直至受許人完全可以獨立地進行正常單店運營為止。

下表 3-3-1 是為加盟單店所設計的開店計劃時刻表，用來幫助加盟單店順利渡過試運營期。

表 3-3-1　開店計劃時刻表

店別：　　　　　　地址：　　　　　開幕日期：　　年　月　日

距開業天數	工作要項	執行部門	執行人
90	1. 店址確定	拓展部	
75	1. 市場調查	拓展部	
60	1. 營業執照申請	行政部	
	2. 稅務登記申請	行政部	
	3. 商品品項確定	商品部	
45	1. 契約簽訂期限	拓展部	
	2. 敲定經營規模	營業部	
	3. 供應廠商諮詢、議價	採購部	
	4. 主管駐友店觀摩	培訓部	
40	1. 開辦資金收集	會計部	
	2. 經營計劃書提出	營業部	
	3. 人員數確定	事業部	
	4. 商品品項確定	商品部	
30	1. 敲定開幕活動	企劃部	
	2. 開支預算確定	營業部	
	3. 營業額預估確定	營業部	
	4. 設計藍圖	拓展部	
	5. 人員招募任用預定	人事部	
	6. 來客客層（源）分析	店長部	
	7. 消防合格申請	行政部	
	8. 衛生許可申請	行政部	
	9. 電話申請安裝	行政部	

28	1. 挑選營業器具，確定數量、議價	採購部	
	2. 決定新店特色	拓展部	
	3. 報表印製發包	行政部	
	4. 服裝發包	行政部	
	5. 人員訓練課程安排	培訓部	
	6. 開幕 DM 印製發包	行政部	
25	1. 廠商發包	拓展部	
	2. 裝潢、水電施工	拓展部	
	3. 冷氣機設備發包安裝	拓展部	
15	1. 人員報到	人事部	
	2. 職前訓練	培訓部	
10	1. 驗收、精神鼓勵	培訓部	
7	1. 商品物料採購訂貨	商品部	
	2. 商圈地點調查	店長	
	3. 展開商圈拜訪	店長	
	4. 敦親睦鄰活動	店長	
	5. 開幕 DM 送達發放	店長	
	6. 商圈電話調查	營銷部	
6	1. 現場清潔整理	店長	
5	1. 廚房設備的安裝	拓展部	
	2. 商品進貨檢查	商品部	
4	1. 門店 POP，旗幟佈置張貼	美工部	
3	1. 開幕贈品的送達	企劃部	
2	1. 小營業(高層主管蒞臨鼓舞)	店長	
1	1. 小營業(開幕前晚會)	拓展部	
	2. 祝賀物的擺設		
	3. 人力調度及工作分配		
	4. 開幕		

某鞋類企業的招商手冊

招商手冊

前言

關於 XX 品牌簡介

產品介紹

1.服裝

2.鞋類品牌定位 XX 產品系列

價格定位

銷售終端模式

銷售網路及核心策略簡介

XX 品牌發展展望

XX 品牌優勢分析

1.品牌優勢

2.成本優勢

3.服務優勢

4.管理優勢

5.XX 品牌 2009 年行銷推廣計畫

6.應對策略

7.工作重點

加盟 XX 品牌 XX 專賣店投資分析

市場分析

XX 產品線及其發展方向

XX 專賣店投資分析

贏利模式

投資預算與利潤分析(以中等城市為例)分析總結

XX 專賣店開店要求

XX 專賣店開店支持、廣告支持和行銷活動

2002 年廣告支持及行銷活動回顧

2003 年廣告支持及行銷活動計畫

我們能為您做什麼

XX 品牌區域代理申請表

XX 品牌加盟店申請表

前言

　　目前正掀起一股特許經營的熱潮，使得大家都非常關注特許經營這種經營模式。據資料分析，特許經營之所以在如此火暴，最主要的原因是正處於經濟結構轉換的關鍵時期，第三產業發展空間巨大，而且第三產業中的很多領域適合個人創業。同時，已有一大批擁有幾十萬元人民幣資金並有創業計畫的投資者，但由於市場競爭的激烈，他們往往感到投資無門。所以，特許經營模式出現時，他們就找到了這樣一個穩妥的投資方向。當他們選擇並確定加盟一項特許經營時，實際上他們是購買了特許經營者多年的業務經驗。實踐證明，特許加盟經營模式是一種成功的運作方式，它大大降低了個人投資創業的風險，因而深受創業者歡迎。

　　XX 品牌是來自英國的歐洲名牌，暢銷世界各地，2000 年 4 月授權 XX 體育用品貿易有限公司為銷售總代理，並開始進入市場。

XX 以其強勢的產品開發、設計而著稱。產品線條流暢、結構嚴謹、穿著舒適，更以其低價位、高品質贏得全球消費者的青睞。其慢跑鞋獨有的輕量設計及 Dome 系列專利減震設計，在國際同類產品中，尤其獨樹一幟。

XX Dome 減震緩衝系統，全球獨有的專利技術，經過對運動力學的反復研究，以其獨特的、科學的、嚴謹的結構設計，有效減輕運動對腳部的衝擊，具有抗扭、減震的功能。

XX 推出了最新「EG」（EarthGear）系列戶外鞋，這種戶外鞋採用全新設計理念，全牛皮鞋面，底部裝有 Dome 減震系統，更具有多工序和高技術的製造工藝，是一組老少鹹宜的、具有國際水準的高級系列運動休閒鞋。

本公司真誠希望與全國各地的運動用品商或正在計畫個人投資的創業者進行廣泛的合作，共同打造××品牌這艘航空母艦。

關於 XX 品牌

一、品牌簡介

XX 源於英格蘭著名的戶外休閒、登山運動品牌，由 XX 創立於 1987 年。

作為英國老牌運動品牌之一，沿襲了英格蘭人狂傲不羈的設計風格和歐洲頂尖的設計理念、世界一流的品質、舒適簡潔的造型、鮮明時尚的個性。

XX 已在歐洲、美國、俄羅斯、澳大利亞、南非等世界各地銷售並取得很高知名度。僅僅經過 9 年的發展，至 1996 年，XX 系列在全球的銷售量已達到年銷售 400 萬雙。2000 年 4 月授權 XX 體育用品貿易有限公司為中國銷售總代理，開始進入中國市場，並已得到了市場的認可。

XX 的 Logo 標準表現形式：圖示××

XX 的 Dome 減震緩衝系統，是全球獨有的專利技術，經過對運動力學的反復研究。以其獨特的、科學的、嚴謹的結構設計，有效減輕運動對腳部的衝擊，具有抗扭、減震和能量回歸的功能，有效防止運動對腳部的傷害。

產品介紹

XX 運動休閒系列主要包括鞋類、服裝類以及相關配件（帽子、襪子和背包等）。

1. 服裝

XX EG 系列服裝，充分考慮人體特點進行設計。其結構嚴謹，線條流暢，穿著舒適，如帽子的設計，適合人體特點，對視覺毫無影響。

EG 系列有多方面的產品特色，包括多質地的微纖維外層面料、尼龍織物和羊毛襯裏等，選料上乘，做工精細……

2. 鞋類

XX 鞋類主要包括三大系列，即 XX Sports、XX EG 和 XX Dome 系列。

XX Sports 慢跑鞋系列，採用優質的透氣網布和高級的合成材料組成，採用高密度的 EVA 發泡材料。產品設計風格獨特自然，配以獨特的輕量設計，使穿著更舒適、輕鬆。

EG（EarthGear）系列戶外休閒和登山運動鞋系列，採用全新設計理念，全牛皮鞋面，性能好，專為喜愛戶外運動的人精心打造。其舒適的穿著感，使人自信而有活力，令你的雙腳隨時保持最佳狀態，是一組老少鹹宜的、具有國際水準的高級運動休閒鞋。

Dome 系列運動休閒鞋，經過多年的研究，結合人體學和運動學，

運用先進的科技，創造出世界獨樹一幟的抗扭曲結構體系以及底部 Dome 減震系統，具有抗扭、減震的功能，有效防止運動中對腳部的損害；同時加上時尚的線性設計理念，簡潔明朗。

品牌定位

XX 品牌定位主要針對喜好運動休閒大學生和白領，是一個極具動感風格的運動休閒品牌。

品牌個性：健康、活力、個性、富有創造力。

目標消費群體：覆蓋 16～40 歲的人群（男女比例基本持平）。

· 16～20 歲的人群（高中生、大學生）。

· 21～26 歲的人群（白領為主，包括有固定收入、追求個性體現的年輕人）。

· 27～40 歲的人群（事業有成、忙裏偷閒的成功人士）。

XX 產品系列

1. 街頭佈鬧系列[streetcasual]

⑴以街頭休閒為切入點，注入時尚文化，塑造新的都市流行亮點，專為喜愛隨意、舒適、自信而有活力的個性人士全力打造。

⑵產品設計風格獨特自然，線條剛柔相濟，適合與休閒服飾搭配，表現大都市年輕人的形象。

2. 經典時尚系列[Basic]

⑴主要針對 20～28 歲的白領消費群體。將運動因素引入皮鞋的設計，跳躍的點綴色打破傳統皮鞋單調、沉悶的設計局限。專為不甘被刻板生活束縛的個性上班族度身打造。

⑵可與正裝與休閒裝搭配，體現出靜中有動，既莊重又不失活力的年輕人的個性。

3.戶外運動系列[commetcid]

專為喜愛戶外運動的人精心打造，其舒適的穿著感，使人自信而有活力，令你的雙腳隨時保持最佳狀態。產品問世以來，深受戶外運動愛好者的喜愛。

4.時尚運動系列[coocept]

專為深得潮流精髓、熱切追求前衛的少男少女們精心打造。主要針對 20 歲以下人群。其色彩跳躍，線條流暢，可與時裝及休閒裝隨意搭配，是時尚簡明的宣言。

(XX 產品系列展示：http：//XX.cnfproduct/)價格定位

XX 運動休閒產品採用多元化的價格定位，全面適應中國各類城市、地區間的收入差異。其價位分別為：運動型價格在 150～250 元之間，休閒型價格在 200～350 元之間，戶外型價格在 280～500 元之間。

銷售終端模式：

⑴銷售管道以 XX 專營店、百貨商場及少量運動產品集中的店中店構成。

⑵覆蓋全國一、二、三級城市，可延伸到縣城較完善的銷售管道。

⑶二、三級城市以及縣城以中、低檔產品為主。

⑷一級城市以中、高檔產品為主。

銷售網路及核心策略簡介

⑴依靠歐洲領先的設計及製造能力，憑著嚴謹、科學、規範的市場操作，創 XX 全新概念產品。

⑵在頗具規模及潛力但缺乏真正中檔領導品牌的中國市場，積極打造領先優勢，努力成為中國休閒鞋第一品牌。

成功的模式

領先潮流的國際化產品+優異的性能及合理的價格+深具吸引力的品牌形象

XX 品牌發展展望

⑴鞏固並擴大生產休閒類產品的位置。

⑵向中低價位拓展。

⑶我們的目標：成為中國最優秀的運動休閒品牌，贏取更大的市場份額。

⑷讓我們攜手共創精彩未來的生活。

二、XX 品牌優勢分析

XX 品牌短短兩年就在中國市場取得了良好的表現，其競爭優勢如下：

1.品牌優勢

現在體育用品行業存在著眾多的競爭者，市場是一種高競爭、低增長的狀態，產品同質化趨勢嚴重，而且銷售手法單一，品質又參差不齊，所以消費者在選擇商品時往往難以判斷誰優誰劣。這時，加盟一個有良好信譽品牌背景並能夠獲得消費者認同的企業，顯得尤為關鍵。

XX 品牌秉承歐洲人嚴謹、追求個性化、時尚化的設計基礎，歷經 40 餘年的市場歷練。

XX 產品已被多數歐洲人認為是最能代表英國人狂傲、禮貌的紳士運動鞋，屢獲歐洲設計大獎。

XX 所有產品的研發均出自歐洲名設計師的千錘百煉，其產品生產全部出自世界各大名牌鞋生產廠家，保證了產品性能的最優。

加入一個有高信譽的企業會產生強大的規模經濟效應。XX 品牌

對於能提供相同服務的品牌來說更具有優勢。

所以，越來越多的準備投資運動休閒用品行業者在選擇品牌加盟時，把 XX 品牌列為首選的幾個目標來發展自己的事業。

2. 成本優勢

XX 品牌採取全球供貨、全球銷售、集中配送等模式，大大降低了運營的費用；其價位對中國市場也全面適應。各加盟商在總部的統一配送下，提高了貨物裝載率，縮短了物流倉儲時間，也減少了加盟商在儲運設備上的投入，使得各加盟商能將庫存降低到最低限度，從而使成本相應降低。

加盟 XX 品牌的優勢還體現在大規模廣告宣傳和新產品更新的速度方面：

XX 是個具有高知名度和高美譽度品牌的連鎖企業，品牌與產品形象很容易貼近消費者；廣告宣傳由總部統一策劃，有利於降低廣告成本，顯然加盟 XX 品牌後，與公司分攤廣告費用要比自己單做廣告低得多。

總部開發一款新產品或推出一項新服務，馬上可以為眾多的加盟商所運用，從而大大縮短了產品銷售週期，而其他弱勢品牌的企業，往往沒有能力負擔這一費用。

3. 服務優勢

在當今買方市場的環境下，一個資金有限而又缺乏經驗的投資者要獨自創建一份事業，是極其困難的。當然，國內眾多品牌也是如此：他們缺乏統一戰略規劃和嚴謹的市場運作方案，浮淺的企業文化是它們的最大弊病。然而當投資者加盟 XX 品牌時，這一切會迎刃而解：

我們擁有經過市場長期實踐的經驗；

　　我們已經形成標準化的經營模式和嚴謹科學的操作方案，這套經驗會幫助加盟商在最短的時間內，使資金及人員發揮最大的效益；

　　公司總部會為各級加盟商制定了嚴謹、科學的市場劃分；

　　公司會配屬相應的經專業培訓的、有經驗的銷售人員協助加盟商開拓市場；公司負責對各級分銷商的培訓（包含業務技能訓練、店面管理培訓、導購及進銷存管理），策劃有效的市場拓展方案；

　　XX 是一個高品位、高附加值的品牌商品，我們將以產品差異化來領先競爭對手；

　　在某些情況下，總部還可以資金援助或融資的辦法來幫助加盟店與銀行建立關係。

　　通過這些措施，就是無行業經驗的人，也可直接入市操作，並確保利潤率。

　　4.管理優勢

　　XX 品牌特許經營和管理優勢集中體現在總部的培訓方案，店鋪的選址、設計、裝修，贏利分析，促銷活動及公關活動的推廣上。

　　總部將把從加盟商那裏收集來的市場訊息分析整理，及時對市場的各種環境進行翔實的市場調查，回饋有用的資訊給加盟商，使加盟商能夠及時採取應對措施。

　　對於營業虧損的加盟店，總部將派專人根據其財務報表實地研究分析，找到虧損原因，並提出切實可行的解決方法。

　　5. XX 品牌 2009 年行銷推廣計畫

　　競爭環境分析：運動休閒用品市場在不斷拓寬並存在巨大的潛力，這可以從 XX 的全國市場份額急劇擴張，各地銷售商頻頻報捷的情況得到證明。

　　運動鞋、體育用品市場擁有眾多品牌，競爭日益白熱化，市場

處在高競爭、低增長的不良環境中，同質化的推廣模式(濫用形象代言人等)、缺乏產品支援、物流盲目性等，必將導致整個品牌(行業)的市場形象受到損害。

6.應對策略

⑴針對運動類別的產品：XX 在產品設計風格及品質上與其他品牌拉開了距離。

⑵針對休閒類別產品：在價格上取勝。

7.工作重點

⑴面對終端，強化物流管理。

⑵實現滾動開發。

⑶針對運動鞋過季產品迅速貶值的特點，及時處理庫存。

⑷制定有效的傳播方案，對產品銷售進行強有力的拉動。

⑸發展方向：純正戶外休閒鞋的路線。

⑹廣告語：GE7 WHAT YOU WANT。

⑺競爭優勢：相比世界級名牌 NIKE、ADIDAS、CAT、天美意，美麗寶等，XX 具有價格優勢；相比國內品牌李寧、安踏，以及其他區域性品牌，XX 具有品質優勢。

三、加盟 XX 品牌

做 XX 產品，我們不僅是銷售產品，更重要的是培育和提供一個深具吸引力的品牌形象來獲得消費者的認同和追隨，為消費者建立一種精神及審美價值的標準。

如閣下或貴公司有意加盟，我們將提供多方面的支援：提供強大、持續的全國媒體廣告宣傳。

免費提供售點全年的 POP 及單張廣告宣傳單、KT 板。

重點區域提供專賣店貨架、鞋架、鞋托、試鞋鏡、收銀台、戶

外燈箱等專用道具；其他區域如達到公司入貨標準和裝修標準，公司也免費提供以上物品。免費提供裝修設計。

提供專賣店、店中店的系統管理培訓，包括人事培訓、銷售技巧、陳列擺放技巧、導購技巧、進銷存管理等。

每年召開春夏、秋冬兩季大型經銷訂貨會，公司提供免費食宿和接送服務。不定期在有需要的區域發佈招商廣告進行招商，協助當地代理商發展客戶、開拓市場。

重點區域為代理商提供適當的媒體廣告支援。

代理商完成公司下達的銷售指標後，可根據所達成的銷售額等級獲得公司的銷售返利及其他獎金，當然還有年度的旅遊計畫。

適當信用額度更利於您的生意運轉。

相信您有敏銳的產業投資眼光、穩定的資金實力（代理商自備資金 50 萬元以上，加盟店自備資金 15 萬元以上）、一定的投資膽略、適當的行銷經驗（有品牌經銷或經營零售店鋪經驗），以及敢為人先的決勝策略。

如果您希望進一步對經營 XX 產品所帶來的收益有更直觀的印象，請看附件，瞭解具體的投資分析。

任何想成為 XX 品牌大家庭的人員請致電垂詢。

四、XX 專賣店投資分析

市場分析

1. 大眾體育市場

目前在中國內地，大眾體育的興起刺激了人們對體育用品的需求，各種品牌、型號的運動器材不斷湧現，特別是運動鞋、運動服裝、運動配件等體育用品已成為青少年最喜愛的物品。目前，已形成了青少年體育用品市場，這一市場蘊藏著巨大的消費潛力。

2.戶外運動市場據統計資料,全球戶外用品的年交易額高達150億美元,而國內則達 1.5 億元人民幣。由於市場越來越大,年增長幅度由前幾年的 10%左右,達到今年的 27.3%。

3.旅遊休閒市場

統計資料表明,當人均國民生產總值超過 800 美元時,旅遊業將會出現排浪式的發展。有些城市人均生產總值已經超過 800 美元,從國外旅遊業的發展

進程來看,這正是旅遊急劇膨脹的時期。如 2001 年,全國外出旅遊的人口比例占 9.7%,即 1.2 億人,比上年增長 1.5%。因此,旅遊業發展空間非常巨大。

4.市場現狀

這是一個充滿機會、不斷擴大的市場,而這一個市場竟然一直處於小作坊式、混亂無序的市場經營狀況。既無強勢的供應商家,又沒有強勢的品牌。消費者選擇單一,而且還有可能受到假冒偽劣產品的侵害。可以說,這是一個混亂而充滿機遇的市場。

XX 產品線及其發展方向

XX 是來自英國的著名運動品牌,旗下三大系列有運動鞋類、運動服裝、運動配件等產品。2003 年又推出了 XX 運動表系列,進一步完善了自己的產品線。XX 在完善了自己強勢運動品牌之後,正在迅速打造戶外休閒產品的航母。

XX 專賣店投資分析

1.贏利模式

有好的產品、好的市場,還要有好的合作者。如何讓加盟者賺錢,是我們首要考慮的問題。這裏我們對專賣店的贏利模式作一個簡單的分析。

零售：全國統一零售價，統一折扣供貨，利潤高達 40%～50%。

集團訂購：XX 產品最終客戶群體的定位是大學生及白領階層，而這個群體具有很強的購買力。

定期的促銷活動，幫助分銷商減小庫存、降低風險，確保加盟者穩定、豐厚的利潤回報。

針對 XX 定位的最終客戶群體的多路媒體的廣告支持，有效地幫助分銷商開拓市場，保持分銷(代理)區域廣闊的市場發展空間。

2.專櫃(店中店)投資預算與利潤分析(以中等城市為例)

專櫃(店中店)：面積 15～20 平方米，即大型商場中的封閉式或敞開式鋪位。

(1)投資預算。

首期進貨額：50000 元。

裝修：6000 元。

其中：貨架：4500 元(3 個鞋架加 2 個中島，可擺放 45 個左右的樣板，可掛 35 件左右不同款的服裝。累計銷售回款滿 100000 元後，可向本公司申請退回貨架款)。

燈光、背景、人工：1500 元。

按合作 5 年計算，每月分攤裝修費用為 100 元。

營業人員工資：600×1(人)=600 元/月

運輸費、促銷費和其他費用＝500 元/月

月平均銷售額：30000 元(以平均每天銷售 5 雙鞋計算)。

商場扣點(一般為銷售額的 20%左右)＝30000×20%=6000 元

(2)利潤分析。

毛利：30000X50%：15000 元/月

純利：15000－6000(商扣)－100(分攤)－600(人工)－500(其

他）＝7800 元／月

(3)結論。

總投入：50000+6000=56000 元（本公司按累計銷售回款總額的20%鋪貨）

每月純利潤：7800 元

投資回收週期為 7 個月左右。如果包括我公司按銷售回款的返點，利潤更為可觀，投資回收週期更短，而且回收的投資中已包括首期進貨額 50000 元。

3.專賣店投資預算及利潤分析專賣店：面積為 30～40 平方米。

(1)投資預算。

首期進貨額：70000 元。裝修：1400 元。其中：貨架：7000 元（6～7 個鞋架加 2 個中島，可擺放 70 個左右樣板，可掛 50 件左右不同款的服裝。累計銷售回款滿 100000 元後，可向本公司申請退回貨架款）。

燈光、背景、人工：3000 元。

其他：4000 元（空調、音箱等）。

按合作 5 年計算，每月分攤裝修費用為 233 元。

工商、稅收：600 元／月左右。

租金：80 元／米×40（平方米）＝3200 元／月

營業人員工資：600×3（人）＝1800 元／月

水、電費用：400 元／月。

運輸費、促銷費和其他費用：800 元／月

(2)利潤分析。

月平均銷售額按 40000 元計。

毛利：40000×50%=20000 元／月

純利：20000－3200（租金）－600（工商稅）－233（分攤）－1800（人工）－800（其他）－400（水電）=12967 元/月

(3)結論。

總投入：70000+14000=84000 元（本公司按累計銷售回款總額的20%鋪貨）投資回收週期為六個半月左右。如果包括我公司按銷售回款的返點，利潤更為可觀，投資回收週期更短，而且回收的投資中已包括首期進貨額 70000 元。

4.分析總結

以上資料是針對中等城市的經營費用項目所作的有關店中店（專櫃）和專賣店的投資預算分析，所列的相關資料可能並不具有代表性。全國各地經濟發展狀況、市場情況有所不同，加盟形式（專賣店或總代理）不同，加盟商可以根據我們的分析方法，結合自身商業環境的實際情況作預算分析。

大型城市一般首期進貨額可能要大一些，但月銷售額同樣要大很多，效益會更好，投資回收週期也不會有大的誤差。同時，我們也會隨著市場的不斷變化給予加盟商及時而科學的系統支援，以保證投資回報。

我們建議有實力的商家以地區（包括省、市級）總代理的方式加盟，或者可以同時開兩個以上的××專賣店（專櫃）。這樣的好處是：可以最大限度地減小庫存，提高資金的利用率，同時還可以節約樣品資源以及運輸等費用，從而獲得更高的投資回報。

××專賣店開店要求

1. 行業背景

正確的品牌經營理念——具有國內外品牌經營管理經驗。

豐富的零售管理經驗——具有多年零售管理及企業管理經驗。

2.地點的選擇

合理的店鋪位置——位於當地城市繁華商業街、校園區或體育品牌專賣街的黃金地段。

店鋪的面積要求：

標準店：店鋪營業面積不小於 30 平方米，並且按 XX 商店裝修標準進行裝修。

商場店中店必須位於商場中獨立的區域，營業面積不小於 20 平方米。

3.人員配備要求

包括：店長、促銷人員、收款員、進貨員等。

4.資金實力

經營者必須有相當的資金實力用於前期店鋪的租賃、裝修和首批進貨。

XX 專賣店開店支持

1.店鋪裝修支持

公司提供諮詢和設計裝修方面的服務、店鋪主要材料、燈箱圖片目錄等。

您可以根據我們的目錄選擇燈箱圖片，但必須用指定的材質工藝要求製作，才能達到我們的標準。

我們可以為您設計和製作燈箱類噴繪畫，但是您需要填寫申請支援表。

2.貨架的支持

您可以接洽業務代表，填寫貨架支持申請表。

3.開店促銷支持

促銷活動包括：禮品製作費用、POP 宣傳費用、軟性文章發佈費

用等

XX 商店開張期間店方可申請促銷支持。

方案一：可由您提供促銷方案，我們審批，活動費用在預算中支出。

方案二：您可委託我們全權代理，費用在預算中支出。

4.媒體支持

媒體宣傳方式：大致分為軟性新聞（通過軟性的文章進行宣傳）、硬性廣告（在平面媒體上刊登公司指定的品牌廣告）、車體廣告（選擇當地經過繁華地區＝行車路線較長的公車或其他服務性車體）、戶外廣告（選擇繁華地區的建築物外發佈品牌廣告）、廣告配送（將宣傳物品與當地知名刊物共同配發）。

XX 商店開張期間店方可申請媒體支持。

方案一：可由您提交媒體計畫，我們審批，費用由雙方共同承擔（憑刊登簡報和費用發票報銷）。

方案二：您可委託我們全權代理（費用雙方承擔）。

方案三：可由您提出媒體支援意向，我們根據當地具體情況為其制定相應媒體計畫，店方實施（費用雙方承擔）。

5.廣告支持和行銷活動

針對 XX 品牌的定位，我們選擇在與體育運動相關的媒體上投放廣告，同時贊助與 XX 用戶群體相關的賽事或其他被廣泛關注的活動，並借此建立 XX 良好的品牌形象，擴大 XX 的品牌知名度和用戶群體的忠誠度。

5 設定加盟條件

　　所謂設定加盟條件就是結合單店經營模式的特點，對未來加盟商提出若干必須具備的基本資質要求，作為遴選加盟商的標準。

　　1. 加盟條件主要參數和優先順序

　　(1)加盟動機（例如借助特許連鎖經營創立一番事業，投資於回報高於銀行利息的生意，退休後希望能有寄託等）。

　　(2)對本特許連鎖經營體系的認可度。

　　(3)信譽（個人品德、商譽等）。

　　(4)心理素質（承受壓力、自我約束、進取精神等方面）。

　　(5)身體健康狀況。

　　(6)家庭關係狀況（配偶、子女等）。

　　(7)社會關係狀況（人脈資源）。　　(8)管理能力和資歷。

　　(9)教育文化素質（高中以上、大專以上、本科以上）。

　　(10)資金實力。　　(11)行業經驗。　　(12)其他。

　　2. 設定加盟條件的一般方法

　　設定加盟條件可以採用加盟商模型繪製法。以下是加盟商模型繪製步驟：

　　第一步，對以上各項參數分別根據一定的假設設定出 5 個等級和對應的等級標準，如學歷這一項可以設定小學、初中、高中、大學、碩士以上等，如表 3-5-1 所示。

　　第二步，確定每一項對加盟商所要求的等級（分值），見表 3-5-1

中第二列「加盟商標準」。

第三步，根據以上分值製作一個雷達圖，即加盟商模型，如圖 3-5-1 所示。

表 3-5-1　加盟商評估參數設定一覽表

加盟標準		分數等級標準					對加盟申請人打分
		1	2	3	4	5	
		很低	低	中	高	很高	
信譽	4						3
資金實力	2	無開店資金且無融資管道	無開店資金，有融資管道	有部份開店資金，需部份融資	有全部開店資金	有足夠的開店資金	3
行業經驗	2	對本行業無任何瞭解	瞭解本行業（未從事過本行業或只有兩年以下工作經驗）	兩年以上本行業工作經驗	5 年以上本行業執業經驗，或 10 年以上本行業工作經驗	10 年以上本行業執業經驗，或 10 年以上本行業工作經驗	1
加盟動機	3	養家糊口	獲得一項長久生意	獲得行業認同	獲得社會普遍尊重	實現自我價值	3
教育文化	3	小學	初中	高中	大學	碩士以上	4
家庭關係	4	不穩定	穩定	和睦	支持	全力支持	3
身體健康狀況	4	差	較差	一般	良好	健康	5
心理素質	4	差	較差	一般	良好	健康	3
社會關係	3	極少	少	一般	多	豐富且質量高	4
理念認同	3	很低	低	由	高	很高	2

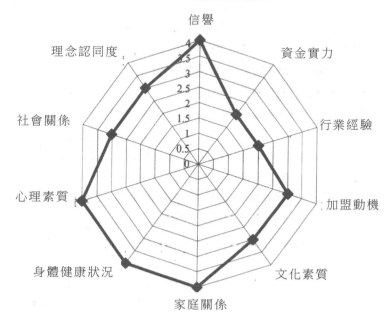

圖 3-5-1　加盟商模型

3.連鎖店的特許加盟流程

⑴申請加盟商的篩選與考察。申請加盟商提供個人資料：姓名、性別、年齡、學歷、籍貫、公司性質、工作經歷、財政狀況等。

⑵磋商並形成初步意向。

⑶面談及詳細情況介紹。講解「福奈特」系統至營運作模式、在全國的店址分佈、收益情況等。

⑷簽訂意向書。特許總部提供《市場調查表》並指導客戶調研。

⑸選擇並確認店面位置。具體包括省、市、區、街、門牌號等；郵編、電話、平面圖、照片；租金等。

⑹確定加盟意向並繳納加盟費、保證金。根據客戶提供的當地水、電價格，人員平均工資，房屋租金，產品價格和季節分佈特點

等，特許總部提交《店址評估報告》和《專案可行性分析報告》，並經客戶確認。

　⑺設計人員提供裝修圖紙和方案。加盟商應在設計之前向特許總部提供《店面設計所需資料》中所涉及的內容。

　⑻簽訂購貨合約。

　⑼房屋裝修、人員培訓、簽訂輔助購貨合約。

　⑽店面裝修驗收，設備安裝調試及驗收。由特許總部相關部門到現場根據裝修規範進行驗收，加盟商對設備驗收。

　⑾指導開店、跟蹤服務、簽訂特許經營合約及商標使用合約。加盟店正常營運期間，特許總部提供持續的輔導和支援。

6 加盟申請表

加盟申請表

編號：　　　　　　　　　　　　收到日期：

本人申請加盟×××特許連鎖經營體系，在×××特許連鎖經營總部統一管理下，從事×××加盟店的特許連鎖經營業務。 　個人資料 姓名：　　　　　　性別：　　　　　　年齡： 出生日期：　　　　婚姻狀況：　　　　住址： 公民權：　　　　　國籍：　　　　　　通訊地址： 電話(辦公室)：　　身份證/護照號碼： 住房擁有權：自購□　　租賃□　　其他□(請註明)

健康狀況：（如果在良好以下，請註明身體殘障情況和局限）

伴侶資料

姓名：

年齡：　　　　　出生日期：　　　　　公民權：

國籍：　　　　　身份證/護照號碼：

教育程度

始月/年	至月/年	院校名稱	科/系	證書/文憑	畢業年度

語言能力

通曉語言	書寫		閱讀		交談	
	流利	一般	流利	一般	流利	一般

工作經驗（請按順序先後列出最近的工作）

始月/年	至月/年	僱主 （公司名稱及地址）	職位 （主要職務及責任）

你是否曾經擁有自己的特許權或其他業務？如有，請提供以下詳情：

公司名稱：　　　　　　　　營業開始時間：

地址：　　　　　　　　　　員工人數：

業務性質：

主要業務：

年營業額：　　　　　　　　淨收益：

如果業務已經結束，請列出原因：

在這之前你是否有××行業的工作經驗？如果有，請列出詳情：

1. _____

2. _____

財務概況（註：往後可能會索取更多有關財務概況）

列出信用卡及賒賬戶頭

種類：　　　　　　　　　　戶頭號碼：

種類：　　　　　　　　　　戶頭號碼：

種類：　　　　　　　　　　戶頭號碼：

能夠動用在設立特許權經營的金額及資金來源

來源：　　　　　　　　　　金額：

若所需金額不足時將如何籌備餘款？

你是否曾經被宣判破產？　是□　　　　　否□

如有，請列出詳情：

1. _____

2. _____

業務目標

你是怎麼對這項特許業務產生興趣的？

_____

你打算什麼時候開始你的特許連鎖經營？

你打算開設幾間加盟店？

每間加盟店的估計營業額（金額/月）：

你實際的個人和職業目標是什麼？（從現在起至 3，5 及 10 年止）

請列出你深信你能夠成功經營我們其中一家加盟店的原因。

1. _____
2. _____
3. _____
4. _____

證明材料：

銀行證明（請提供相關財務證件證明）

銀行名稱及地址：

電話：　　　　　　　與有關銀行往來年數：

就業證明

姓名：

職位：

公司名稱及地址：

電話：

個人證明：

姓名：

職位：

地址（住家/辦公室）：

電話：

相識年數：

申請人宣言：

　　本人聲明上述所有填報的資料均詳實無誤，表明了所提呈的個人背景資料和相關資料的準確性將會通過鑑定人審查。所提供的資料若出現遺漏或受到歪曲，將會影響有關申請，並最終可能使申請無效和作廢。

申請人簽名：　　　　　　　　　　日期：

備註：此申請表供個人申請人使用

7 加盟手冊的加盟店投資回報分析

一、加盟店投資概算

店鋪類型	旗艦店	豪華店	標準店
建店規模	2000平方米	1500平方米	1000平方米
特許費用	加盟費：75萬元（含廚房設備） 保證金：20萬元 權利金：5000元/月	加盟費：60萬元（含廚房設備） 保證金：15萬元 權利金：3000元/月	加盟費：45萬元（含廚房設備） 保證金：10萬元 權利金：2000元/月
設備費用	20萬元（100元/米2）	15萬元（100元/米，）	10萬元（100元/米2）
裝修費用	100萬元（500元/米2）	75萬元（500元/米2）	50萬元（500元/米2）
流動資金	15萬元	10萬元	8萬元
宣傳費用	10萬元	7.5萬元	5萬元
總投資	246萬元	186.1萬元	130.4萬元

二、加盟店利潤概算

序號	項目	年收入/支出	月收入/支出	日收入/支出	占營業額
1	營業額（淨）	1210·00	102.3	3,31	
2	營業外收入	2.63	o·22	0.01	
3	營業成本	500·00	41.67	1.37	41.3%
4	工資	106.10	8.84	0·29	8.77%
5	物料消耗	25.57	2.13	0·07	2.11%
6	房租	65.50	5.46	0·18	5.41%
7	水費	15.90	1.33	0.04	1.31%
8	電費	40。00	3.33	0.11	3.31%
9	型煤	6.40	0·53	0·02	0.53%
10	其他營業費用	59.89	4.99	0.15	4.95%
11	管理費用	32·00	2.67	0·09	2.64%
12	財務費用	0.24	o·02	0·00	0·02%
13	稅金	60.50	5.12	0.17	5.00%
14	利潤	303.16	26.51	0.82	25.05%
15	利潤率	平均利潤率25%			

三、投資回報分析

店鋪類型			旗艦店	豪華店	標準店
營業面積			2000平方米	1500平方米	1000平方米
總投資			246萬元	186.1萬元	130.4萬元
餐位			800位	600位	400位
上座率	中午	一級期望	50%	50%	50%
		二級期望	30%	30%	30%
	晚餐	一級期望	120%	120%	120%
		二級期望	80%	80%	80%
人均消費			45元	45元	45元
日營業收入		一級期望	61200元	45900元	30600元
		二級期望	39600元	29700元	19800元
月營業收入		一級期望	183.60萬元	137.7萬元	91.80萬元
		二級期望	118.80萬元	89.10萬元	59.40萬元
年營業收入		一級期望	2233.80萬元	1675.35萬元	1116.90萬元
		二級期望	1445.40萬元	1084.05萬元	722.70萬元
年純利潤 （按25%計）		一級期望	558.45萬元	418.84萬元	279.23萬元
		二級期望	361.36萬元	271.01萬元	180.68萬元
投資回資期		一級期望	約6個月	約6個月	約6個月
		二級期望	約12個月	約12個月	約12個月

說明：1. 本資料來源於××公司直營店實際經營管理的經驗資料，由於各地實際消費及特價差異，大多數單店的投資回收期略有出入。

2. 簽訂合約後，公司總部將結合加盟店實際情況與當地市場狀況進行更詳細的投資分析。

四、評估體系

為形成××公司特許經營骨幹網點，建立示範性、區域性的運營中心、配送中心，公司將重金優先回購那些投資金額較大、營業業績較好的加盟店。回購的期限在 3～5 年內，希望被收購的特許加盟店通過××集團的回購評估標準。

回購計畫將為加盟店帶來可觀的遠期收益和絕佳的退出機會。

1. 加盟店回購標準

公司將按照國際資本運營的標準收益現值法計算，加盟店贏利全部以投資額 162.4 萬元（1000 平方米）標準店為例，預測 3 年後加盟店的回購價值，依次測算加盟店的回購價值。

具體標準如下：第 1 年形成年 162‧4 萬元的贏利能力，保持年均 15% 的遞增率；年平均利率 5%，預測週期為 3 年；各年現金流量預測值乘以相應折現率；現值合計既是該店開業 3 年後的回購價值。

2. 加盟店價值評估

根據××公司加盟店的發展規律和歷史資料，1000 平方米的加盟店將至少形成 180‧68 萬元的年贏利能力，並在此基礎上保持年均 15% 的增長速度。

按收益現值法進行資產價值評估測算：

年期	現金流量預測	折現率	現金流量預測現值
第 1 年	180.68	0.95	171.65
第 2 年	207.78	0.90	187.52
第 3 年	238.95	0.85	204.87

現值合計 564.04 萬元。

按照收益現值法計算，三年後加盟店的回購價值為 564.04 萬元。

8 特許加盟意向書

甲方：×××（特許人全稱）

地址：

法定代表人：

乙方：×××（受許人全稱）

地址：

法定代表人：

甲乙雙方在平等自願、協商一致的基礎上，達成如下意向：

1. 甲方經考查，認為乙方初步具備在_____（城市/區域）開設並經營×××加盟店的條件，同意接受其加盟申請。

2. 乙方承諾自本意向書簽定之日起，積極準備×××加盟店的開業，於一個月內完成全部準備工作；甲方承諾為×××加盟店的開業提供一切必要的支援和協助，包括但不限於以下事項：

(1) 協助和指導乙方進行×××加盟店選址。

(2) 協助和指導準加盟商進行×××加盟店的租賃。

(3) 協助和指導乙方進行×××加盟店工商營業登記。

3. 雙方同意：

(1) 自本意向書簽定之日起一個月內，甲方在_____（城市/區域）凍結招募加盟商的所有活動，作為交換條件，乙方在本意向書簽定之日後 3 日內向甲方支付××萬元加盟保證金。

(2) 甲方將於與乙方簽定特許加盟合約後，將加盟保證金抵扣為

乙方支付甲方的加盟金。

(3)若乙方在一個月內未能按時完成×××加盟店的開業準備工作，甲方將取消乙方的加盟資格，且加盟保證金不予返還，作為甲方提供給乙方的協助和指導工作費用的補償。

4. 乙方在與甲方談判中所獲取的有關甲方的商業經營資料、資訊，以及×××（特許人全稱）系統的資料、資訊均屬於甲方的商業秘密，乙方應採取相應的保密措施，保證其自身及工作人員不私自使用或向任何第三方洩露，否則乙方承擔由此給甲方造成的一切損失。

5. 甲方在與乙方談判中所獲取的有關乙方的商業經營資料、資訊，均屬於乙方的商業秘密，甲方應採取相應的保密措施，保證其自身及工作人員不私自使用或向任何第三方洩露，否則甲方承擔由此給乙方造成的一切損失。

6. 甲乙雙方保證將盡力促成合約的談判及特許連鎖經營合約的簽訂，任何一方均不得違反合約法的規定，否則承擔違約責任。

7. 本意向書於＿＿年＿＿月＿＿日簽訂，自簽訂之日起生效。甲乙雙方共同遵守，並據此談判簽訂特許連鎖經營合約。

8. 因本意向書產生或與本意向書相關的一切糾紛，應提交×××（一般為特許人所在地）仲裁委員會裁決，該裁決對甲乙雙方均具有法律效力。

甲方： 乙方：

法定代表人： 法定代表人：

簽約日期： 簽約日期：

9 (案例)世界餐飲巨頭——麥當勞

　　麥當勞是世界上最大的速食集團,從 1955 年創辦人雷・克羅克在美國伊利諾斯普蘭開設第一家麥當勞餐廳至今,它在全世界已擁有 28000 多家餐廳,成為人們最熟知的世界品牌之一。麥當勞金色的拱門允諾:每個餐廳的菜單基本相同,而且「品質超群、服務優良、清潔衛生、貨真價實」。它的產品、加工和烹製程式乃至廚房佈置,都是標準化的,嚴格控制。在「品質、服務、清潔和物有所值」的經營宗旨下,人們不管是在紐約、東京、香港或北京光顧麥當勞,都可以吃到同樣新鮮美味的食品,享受到同樣快捷、友善的服務,感受到同樣的整齊清潔及物有所值。

　　從幾點可以看出麥當勞在標準化這一點上可是細緻得甚至有些「苛刻」:精確到 0.1 毫米的製作細節,比如,嚴格要求牛肉原料必須挑選精瘦肉,由 83%的肩肉和 17%的上等五花肉精選而成,脂肪含量不得超過 19%,絞碎後,一律按規定做成直徑為 98.5 毫米、厚為 5.65 毫米、重為 47.32 克的肉餅。食品要求標準化,無論國內國外,所有分店的食品品質和配料相同,並制定了各種操作規程和細節,如「煎漢堡包時必須翻動,切勿拋轉」等。無論是食品採購、產品製作、烤焙操作程式,還是爐溫、烹調時間等,麥當勞對每個步驟都遵從嚴謹的高標準。麥當勞為了嚴抓品質,有些規定甚至達到了苛刻的程度,例如規定:

　　・麵包不圓、切口不平不能要:

· 奶漿供應商提供的奶漿在送貨時，溫度如果超過 4℃必須退貨；

· 每塊牛肉餅從加工一開始就要經過 40 多道品質檢查關，只要有一項不符合規定標準，就不能出售給顧客；

· 凡是餐廳的一切原材料，都有嚴格的保質期和保存期，如生菜從冷藏庫送到配料台，只有兩個小時保鮮期限，一超過這個時間就必須處理掉；

· 為了方便管理，所有的原材料、配料都按照生產日期和保質日期先後擺放使用。

麥當勞還竭盡全力提高服務效率，縮短服務時間，例如要在 50 秒鐘內制出一份牛肉餅、一份炸薯條及一杯飲料，燒好的牛肉餅出爐後 10 分鐘、法式炸薯條炸好後 7 分鐘內若賣不出去就必須扔掉。

麥當勞的食品製作和銷售堅持「該冷食的要冷透，該熱食的要熱透」的原則，這是其食品好吃的兩個最基本條件。

正是由於麥當勞做到了別人做不到甚至不敢做的事情，才能在全球速食領域中獨佔鰲頭。

心得欄

第四章

加盟商營運手冊的內容

1 公司介紹手冊

《公司介紹手冊》是一本全面性介紹特許經營企業的文件。以下是某《公司介紹手冊》的目錄範本，可以將它作為自己編寫相同手冊時的參照：

1 企業背景

2 企業組織結構

3 企業核心人員

4 企業理念

5 企業歷史、大事記

按時間順序排列，就像記敘文一樣，對每件事情的人物、地點、原因、結果等都要進行詳細敘述。

6 企業榮譽、證書

7　　企業主要業務

8　　產品介紹

9　　技術介紹

10　　公司有關制度

11　　公司現狀

12　　公司未來發展戰略

13　　附件（可以包括媒體報導影本、照片、企業已有資料等）

因為企業的許多宣傳文件、戰略規劃等都需要從這個手冊裏引申出來，所以此手冊一定要儘量內容充實、　述準確，介紹到企業的各個方面。在編寫時一定要反應事實，語言可以平實些，資訊冗餘些都沒關係，但內容不能有所遺漏。

2 單店開店手冊

廣義上來說，單店運營所需的各類手冊都屬於單店手冊，例如有《MI 手冊》、《BI 手冊》、《VI 手冊》、《SI 手冊》、《AI 手冊》、《BPI 手冊》、《單店開店手冊》、《單店運營手冊》、《單店常用表格》、《單店店長手冊》、《單店店員手冊》、《單店技術手冊》、《單店制度彙編》等，這些都屬於單店手冊的系列。

但在實際使用中常常把上述手冊合併，所以通常意義上的單店手冊其實就是兩類：《單店開店手冊》與《營運手冊》。

特許經營的單店是特許經營體系自我展現的最直接的舞台，是

企業文化傳播的直接載體，是為顧客提供特許經營體系特色服務的窗口，特許經營單店的形象對特許經營體系有著重要的意義。

開店則是特許經營單店的最初亮相，是體現特許經營單店形象的第一環節。本手冊就是針對特許經營單店開店所涉及到的主要問題進行概括和說明，以便使開店的人員能夠以此為參考，較快地進入角色，順利地完成開店任務。

《單店開店手冊》的主要內容包括以下幾方面。

1 概述

簡要說明本手冊的意義、目的和內容梗概，讓讀者對手冊內容有一個總體認識。

2 市場調研

2.1 所在城市或地區基本情況（包括調研內容、城市或地區人口狀況、調研方法等）

調研內容主要包括人口狀況（人數、年齡結構、流動人口數量等）、城市人均 GDP、產業結構、城市競爭力、交通狀況等。

城市人口狀況指的是城市人口總數、城市人口年齡結構、城市家庭總數及家庭結構等。

調研方法很多，例如網上查詢，向當地統計部門、統計局及地區統計局網站查詢，實地拜訪，實地考察，在城市黃頁上查找，向民政局、計劃生育辦、街道辦事處查詢，向當地專業資訊公司（例如顧問諮詢、市場調查公司或機構等）購買等。

2.2 消費者（包括調研方法、所需整理的資訊等）

針對消費者的調研方法可以靈活多樣，例如有獎問卷法等。

關於消費者的資訊內容，可以包括：人均收入、目標消費群的職業特徵、生活習慣、選擇產品的標準、購買的頻率、經常購買的

產品、是否有搭配消費的傾向、搭配的方式、使用的場合、認為便利的購買方式和購買地點、所能接受的價位、對產地和原材料產地的要求、瞭解產品的途徑、需求服務、購買的目的、選擇產品因素、能接受的品牌、最終使用者等。

2.3　目標城市或地區中本特許經營體系從事的行業調查

包括調研方法、調研內容等。注意，調研對象既包括直接所在的行業，也要包括相關聯的行業，具體內容則包括目標城市年銷售額、銷售場所、城市知名同行品牌等多個方面。

3　商圈及競爭者調查

3.1　商圈範圍

3.2　商圈類型

商圈類型主要有：住宅區、商業區、金融區、辦公區、文教區、工業區、娛樂區及綜合區等。要指出本體系的單店適合的商圈類型是什麼，還可以加上一些便利的查找條件，例如說明本體系的單店最好靠近什麼樣的地域範圍。

3.3　商圈特徵（包括商圈內消費人口特徵、客流量、同業及異業狀況、商圈的發展性等）

3.4　競爭者調查（包括商圈內競爭者狀況調查表、同類競爭者店址所在地地圖等）

3.5　商圈調查方法

4　選址

4.1　描述店址特徵與確定單店選址的原則

選址必須針對不同的目標店類型進行，因為不同的店的類型，例如獨立店、店中店、承包櫃台，單層店、多層店，底層店、中層店、高層店等，分別對應著不同的選址原則。不過，下列這些原則

都是應該被考慮的通用原則：

(1)單店（或櫃台）的商圈內有足夠的目標客戶。包括人流量、潛在和現實購買力等。

(2)交通方便。如果客戶的層次屬於有車族，例如高檔美容院、高檔服務場所、高級商品店，那麼還應考慮停車場的問題。

(3)本店的商品配送方便。對於大件商品、商品配送頻繁、商品數量大的單店，這一點尤為重要。

(4)可以以划算的代價取得。不能單純地以租價考慮，因為一般而言，租價和從該地址獲得的收益是正相關關係，亦即租價高的地段，位於該地段內單店的收入也高；反之亦然。經濟上考慮的不能是成本支出或收益的單項，而應是二者的差額即利潤量。

(5)佔用該地址的時間最好能滿足特許經營的加盟期限，例如至少要超過一個加盟期限年數，或是加盟期限的整數倍。

(6)當地治安等安全條件良好。

(7)公用基礎設施齊全。

(8)該地址的相鄰店風格、內容、客流量等方面和本體系的單店不會發生矛盾和不和諧的現象。

(9)在該地段的經營是符合有關法律和規定的。例如雖然幼稚園的門口附近是成人們聚集的場所（等待接孩子），但按某些地區的規定，在這些地方設置成人用品店卻是不合法的。

(10)有足夠的空間。例如對有些單店而言，還會特別強調和要求門臉寬度、室內挑高等方面。

(11)允許按本體系單店 CIS 進行裝修。

(12)適度的競爭。雖然競爭有時無可避免，但過度激烈的競爭卻很容易使單店的經營發生困難，單店工作人員也會因為每天要面對

巨大的壓力而倍感疲累。

⒀最重要的一條就是，該地址可以被獲得。如果某地址屬於絕對的黃金地段，但卻由於各種原因不能獲得，則這樣的地址仍然是不可得的地址。

當然，有的企業也可以採用一些非常簡便但迅速有效的選址原則，例如就把店址選在距離某競爭對手或參照店的附近（例如距離麥當勞 200 米之內）、選在固定的區域內（例如社區、同業聚集街區、品牌聯合的超市）等。下面來看幾個連鎖企業的實際選址案例。

在選擇店址上，賽百味三明治在全球奉行的是其獨有的「PAVE」方案，即任何一家店必須同時具備這四項標準：

· 「P」就是人口，必須要求附近具備一定數量的居民或是流動人口；

· 「A」是容易接近性，即是否容易達到，交通是否便利；

· 「V」，可見性，是不是能夠被路人一眼看到；

· 「E」，顧客的有效消費能力。

7-11 便利店的開店原則大致可以歸納為以下幾點：

· 佔地為角落型或長條形，面積 100 平米左右

· 交通便利，主要消費群可在 10 分鐘內步行到達

· 週圍 100 米內不能有 7-11 的便利店，儘量保證週圍 300 米內有 1～2 家 7-11 的便利店

· 每一便利店必須有明確的目標人群定位

國美電器商場的選址標準是：

· 面積。原則上營業面積應大於 1000 平方米，其中附屬週轉庫房面積應大於 200 平方米

· 樓層。原則上只選擇首層，可以考慮首層帶二層

- 交通。具備不少於 20 個停車位，公共交通便利的商業區域為最佳
- 期限。租賃期限應在 5 年以上，10 年以下

家樂福超市的部份選址原則：

- 開在十字路口。Carrefour 的法文意思即為十字路口
- 3 公里半徑內人口必須達 20 萬人
- 消費者步行、騎自行車、開車均能在 10 分鐘內到達賣場
- 家樂福店可開在地下室，也可開在四五層，但最佳為地面一、二層或地下一層和地上一層。家樂福一般佔兩層空間，不開三層。
- 一般是在城市邊緣的城鄉結合的地方

⑭麥德龍超市的選址方式：

因為麥德龍倉儲式超市是將超市和倉儲合而為一的零售業態，所以其地址通常設在大城市城鄉結合部的高速公路或主幹道附近。這樣既避免了市中心及市區的交通擁擠，又因土地價格相對便宜，減少了投資風險。同時，選址還適應了城鄉一體化的發展趨勢，提前佔據區位優勢。其商圈的輻射半徑通常為 50 公里，既背靠城市，又面向鄉村。

隨著時間的演變，企業的選址原則也不應是一成不變的，例如沃爾瑪在開業之初時，它從不在任何一個超過 5000 人的城鎮上設店，其戰略目的是保障以絕對優勢成為小城鎮零售業的支配者。沃爾瑪創始人山姆‧沃爾頓說：「我們盡可能地在距離庫房近一些的地方開店，然後，我們就會把那一地區的地圖填滿；一個州接著一個州，一個縣接著一個縣，直到我們使那個市場飽和。」但從 20 世紀 80 年代末到 90 年代初，沃爾瑪開始進軍都市市場，人口密集的大都

市也成為了沃爾瑪的必爭之地。

4.2   初選地址（包括選擇程序、客流分析）

在選址原則的指導下，在掌握了目標地區的市場情況後，應選擇幾個候選地址，以便進行比較。雖然有人認為候選地址最佳數目在 2～3 個之間，最初的時候，選址者盡可以選擇他（她）認為理想的地方，然後他（她）可以經過幾輪的篩選，這樣的選址效果可能更佳。總之不要被候選地址的數目所限制，因為有時候確實會出現很多合適的地址。

4.3   店址的確定（包括確定方法的原理及具體操作步驟）

除了定性的方法之外，選址者還可以配合以定量的方法，如表 4-2-1 所示。例如選址者可以採取這樣的簡單辦法來幫助選址，即參照上面的選址原則制定出幾個選址標準，並給每個標準賦予一定的權重和分數，然後分別就每個地址的選址標準進行打分，最後匯總出每個地址的總得分。這樣，按照分數的高低，選址者就可以選擇出在認為規定的合格線以上的候選地址了。

表 4-2-1   定量選址法計算表

選址標準	權重	地址 1	地址 2	地址 3	地址 4
標準 1	a_1	x_1y_1	x_2y_1	x_3y_1	x_4y_1
標準 2	a_2	x_1y_2	x_2y_2	x_3y_2	x_4y_2
標準 3	a_3	x_1y_3	x_2y_3	x_3y_3	x_4y_3
……	……	……	……	……	……
總分	1				

4.4   店面的租賃（包括談判方法、租契要素、尋求特許人意見等）

· 受許人可以直接從房主處租賃房子；

· 特許人從房主處租賃房子，然後再轉租給加盟商。

5 裝修

5.1 裝修準備（包括取得所選店面的照片、取得所選店面的相關圖紙，將以上資料交與特許經營總部的相關設計部門等）

5.2 裝修流程（包括裝修商資格評定標準、裝修商評定流程、裝修及評估流程等）

6 店內設施及物品

主要是對下述內容進行描述：

6.1 店門入口

6.2 店內各區（包括產品陳列區、服務區、倉儲區、顧客休息區、店員休息區、衛生間等）

6.3 消防設施

6.4 防盜設施

6.5 店外設施

6.6 店內氣氛設計

6.7 店面外觀設計

7 人員招聘與培訓

7.1 人員招聘與任用

7.2 確認職位的條件

7.3 人員聘用策略要點

7.4 考察和挑選的方式

7.5 面試問題

7.6 培訓（包括對店長的培訓、對店員的培訓、培訓課程及時間安排、培訓費用等）

8　相關證照的辦理

8.1　營業執照

8.2　衛生許可證

8.3　稅務登記

8.4　其他相關證件

9　開業前的籌備

本步驟的主要內容是為單店的開業做最後準備，包括設計開業儀式、購置必需物品、徹底檢查以前工作是否有遺漏，有遺漏的地方應立即補上，選定開業時間、確定開業邀請人士、與有關銀行接洽以安排信用卡設施、在可靠的銀行開戶等。

9.1　籌備物品

9.2　需購置的物品

9.3　需印製的物品

9.4　籌備事項

10　開業儀式

10.1　正式開張

10.2　促銷式開張

10.3　開業注意事項等

10.4　開業儀式一覽表範例

一家新店的誕生，是受許人自己事業的開始，是可喜可賀的大事，應該給予足夠的重視。同時，這既是受許人借此向公眾宣佈專營店的誕生，廣做宣傳的機會，也是考驗每位培訓後的受許人是否能正常開業，並進行迅速調整的時機。因此，舉辦一個有特色的開業儀式是很有必要的，開業儀式也是營運過程中一個極重要的環節。

不過企業應根據自己的實際情況量力而行，沒必要非得把開業

儀式搞得很隆重，在這方面，世界 500 強企業的沃爾瑪做得就不錯，儘管它有著世界上任何其他零售業都沒有的實力，但它卻繼續保持其一貫的風格。據媒體報導，榮居世界 500 強之首的沃爾瑪超市，在中國的哈爾濱店開業時，開業儀式很簡單，只是在店門前小廣場搞了一個民俗風味濃厚的表演。因為龐大隆重的開業儀式需要花費企業很多的資金，與其如此搞門面工夫，倒不如真切地把省下來的錢用來改善企業的經營。

開店時機的選擇非常重要，一般可參照如下原則進行：

(1)開幕的月、日可依本業過往的績效，選擇在旺季或淡季開店。

(2)開幕日期應選擇假期或星期六的前一天。

(3)依民間習俗，請專家尋找最佳的開店日子。

受許人可以舉辦一些公關活動，例如邀請名流參加、贈送獎品、打折出售、為社區做公益活動等。

11 附件

11.1 消費者調查問卷表

11.2 房屋租賃合約範本

11.3 裝修合約範本

11.4 其他

3 單店運營手冊

關於《單店營運手冊》，不同的人有不同的看法。一種觀點認為，《營運手冊》的內容是單店開業後的營運流程指導，即從單店開張之日起的以後所有工作的步驟安排和依據等。

另一種觀點認為，單店的營運應包括開業在內，因為這時的受許人已經在開始為其單店和事業奮鬥了，開店是單店運營的不可分割的一部份，所以，他們認為的《營運手冊》是包括了上述的《單店開店手冊》內容在內的，是一種廣義的單店營運。

例如《特許經營寶典(Franchise Bible)》裏認為：「一些特許人有兩種運營手冊。一種手冊處理的是選址、開店、簿記、會計、廣告以及盛大開業程序。第二種手冊會涉及單個僱員的職責以及若是飯店時的食品製作。第二種手冊也可以包含一些日常性的職責，例如開業與結業程序、驗收檢查、製作日報、僱用新人、製作日程表、接受與中轉貨物、製作供應表以及維持存貨程序、安全措施與金融程序。」《單店營運手冊》大綱如下：

當然，每個特許人可根據自己的實際情況對單店手冊的組成、分割和內容等進行增減。例如可以如同歐文 J.科普那樣把《單店開店手冊》與《營運手冊》合併成一個單一的《營運手冊》；可以增加一個《顧客俱樂部手冊》、《單店店員手冊》、《單店店長手冊》等。

1. 引言
   1.1 來自總運營官的歡迎信
   1.2 手冊簡介
   1.3 特許人核心成員的傳記資訊
2. 開業前要求
   2.1 受許人在特許人幫助下製作甘特圖，確定如下各項日期與時間長度
      受許人選址
      特許人批准地址
      特許人批准租約
      履行租約
      履行租約後在要求天數內開始建築
      建築結束
   2.2 受許人與其財務顧問及會計師編寫預測財務報表
   2.3 所有必須的註冊內容的檢查表
   2.4 研讀特許人關於建築與裝飾的詳細說明
   2.5 設備、存貨與裝置器列表
   2.6 獲得必需的文件、項目與服務
      供應商
      電話系統
      安全系統
      清潔機構
      垃圾清除機構
      害蟲控制服務
      地圖服務
      滅火器
      背景音樂裝置
      銀行服務
      相關執照
      銷售稅許可證
      最低薪資和機會均等文獻
      清潔物料
      手工工具
      辦公表格

3. 開業前與開業後培訓程序

  3.1 通用的日常工作準則

  3.2 銷售的產品或服務

     菜單的發展

     詳細說明

     購買表格

  3.3 銷售產品或服務的人員準備

  3.4 飯店人員的裝飾與服裝號碼

  3.5 客戶服務程序交付

  3.6 交付要求與技術

  3.7 銷售準備與財務報告

     日常商務表格

     存貨戰略

     每日、每週與每月財務報表的製作

  3.8 安全程序

  3.9 收銀機運營

  3.10 店面小費政策

  3.11 店內促銷、廣告以及託管的直接郵件

  3.12 運營程序的週期性修正

  4. 簿記與會計方法

  5. 盛大開業程序

  6. 日常運營功能

  7. 解決紛爭

  8. 結束語

下面是《單店運營手冊》的目錄示例。

致 加 盟 商

1 概述（略）

2 單店理念

2.1 基本要素

包括企業價值觀、企業使命、企業哲學、企業精神、企業風氣、企業目標、管理思想、行動準則、服務理念、經營理念、事業領域、經營方式、組織經營模式等，還可以從另外的角度來描述這一部份，例如企業經營策略、管理體制、分配原則、人事制度、人才觀念、發展目標、企業人際關係準則、員工道德規範、企業對外行為準則、政策等

2.2 應用要素

主要包括企業信念、企業經營口號、企業標語、守則、座右銘等

3 單店組織架構、崗位職責及店內區域劃分

3.1 A 型店

包括組織架構、崗位職責、店內區域劃分等

3.2 B 型店

包括組織架構、崗位職責、店內區域劃分等

3.3 C 型店

包括組織架構、崗位職責、店內區域劃分等

3.4 其他類型

包括組織架構、崗位職責、店內區域劃分等

4 人力資源計劃與管理

4.1 人員招聘與任用

4.2 員工培訓

4.3 員工管理

包括員工檔案管理、工作分配、員工考核、員工參與、員工收入等

5 顧客服務與顧客管理

5.1 顧客服務與管理的原則

5.2 顧客資訊管理

包括顧客資訊的建立、顧客資訊的搜集、顧客資訊系統的應用等

5.3　顧客的保持和開發

5.4　處理顧客投訴

包括處理顧客投訴的原則、處理投訴流程等

5.5　提高服務品質

6　促銷計劃與管理

6.1　促銷的目的和依據

6.2　促銷的類型

6.3　一些促銷方式的建議

6.4　其他需要說明的事項

7　競爭者調查

7.1　調查項目

7.2　調查方法

7.3　調查結果分析

8　貨品管理

8.1　訂貨

8.2　收貨

8.3　出貨

8.4　耗料

8.5　庫存

8.6　盤點

包括盤點工作的目的，盤點的分類、要點、流程、人員等

9　財務管理

9.1　簡易建賬

包括目的、內容、六大會計要素和一個會計等式等

9.2　填制審核憑證

9.3　登記賬簿

9.4　成本核算

9.5　清查與分析

10　店內日常作業管理

10.1　營業時間

10.2　營業作業管理

包括營業前準備，營業中、營業後、店內安全防範等

11　與總部的溝通

12　稱呼制度

12.1　對顧客的稱呼

12.2　內部互相稱呼

12.3　對其餘相關人士的稱呼

13　規章制度

13.1　會議制度

13.2　人事管理制度

13.3　採供工作制度

13.4　固定資產管理制度

13.5　安全保衛制度

13.6　員工管理制度

包括考勤制度、禮貌服務、儀容儀表、接待禮儀、禁止行為等

13.7　倉庫管理制度

13.8　宿舍管理制度

13.9　前台管理制度

13.10　其他制度

14　獎懲條例

14.1　晉升條例

14.2　懲罰條例

14.3　其他處罰條例

例如各個具體工種的處罰條例

15　常見問題分析及處理

16　附件

　附件一：公司介紹

　附件二：特許經營費用安排

　附件三：產品和服務的價格體系

　附件四：常用電話列表

　附件五：會員卡制度

4 單店店長手冊

　　店長是一個單店的靈魂，因此，店長需要善於對人力、財力、物力資源及時間資源進行統籌安排。在體現個人價值和全面提升服務技術的同時，讓顧客更滿意，給單店和整個特許經營體系帶來更多的利益。

　　對整個特許經營體系來說，店長是中堅力量，他需要對公司的經營理念和運作模式有充分的理解，對總部作出的決策要如實傳達與貫徹執行。

　　店長作為連接總部與員工的橋樑，他要不斷地學習和思考，不斷地提升自己。一方面店長要能更好地理解、傳達總部決策；另一方面，要用知識、能力與人格魅力在員工中樹立自己的威信，從而使工作更加有效。

　　《單店店長手冊》的主要內容，應是一個合格店長所應知道、掌握和精通的。關於本體系單店運營的一切知識、技術、原則、規定等店長都應了然於胸，是指導店長工作和店長用於檢查自己的條例。

致 店 長

1　概述

1.1　店長的基本任職要求

1.2　店長必備的基本素質

1.3　店長履行職務的基本原則

1.4　店長必備的基本能力

2　店長基本職責

2.1　單店的日常運作（包括單店的衛生、陳列與安全、日常營業、監督員工工作、主持工作會議、填寫報表、制訂計劃等）

2.2　人力資源管理（包括人員安排與調配、員工管理、培訓、考核與激勵、新員工的招聘、培訓與任用、工作接替的人員安排等）

2.3　客戶管理（包括顧客檔案管理、一般顧客管理、顧客投訴處理等）

2.4　資訊管理（包括消費者資訊、行業與競爭者資訊、其他資訊管理與資訊更新等）

2.5　財務管理（包括財務登記與核對、收銀監督、財務交割、薪資發放等）

2.6　物流管理（包括進貨流程、補貨流程、接貨流程、調換貨流程、盤點流程等）

2.7　行銷管理（包括競爭者與促銷、日常營業計劃等）

2.8　突發事件處理（包括顧客出現過敏症狀的處理、顧客退貨的處理、其他緊急事件的處理等）

2.9　計劃管理

2.10　賣場管理（包括商品管理、資產與設備管理、賣場佈置與商品陳列、衛生檢查等）

2.11　行政事務管理

3　日常工作內容

3.1　營業前（包括準備工作、班前早會等）

3.2　營業中（包括服務顧客、業務總結、資訊整理等）

3.3　營業後（包括下班前的準備、班後會等）

3.4　週期例行工作（包括每週例行工作、每月例行工作、每季例行工作等）

4　常用表格與標準

4.1　顧客滿意度調查表、顧客檔案表與顧客投訴登記表

4.2　產品盤點表、進貨申請單、調換貨申請單、退貨申請單、發貨單

4.3　產品、服務銷售日記錄單、收入月報表與產品進存銷月對照表

4.4　員工考核登記表與店長考核登記表

4.5　店長工作報告

4.6　促銷活動申請書

4.7　競爭店調查項目檢核表

4.8　消費狀況調查表

4.9　顧客投訴處理流程

4.10　衛生/整理核檢表

4.11　工作報告格式

4.12　員工考勤表

5　店長成功法則

5.1　培養團隊精神，重視人才

5.2　言傳身教，以身作則

5.3　單店的事情就是我們共同的事情

5.4　做加盟商與員工之間的橋樑

5.5　都是我的錯──店長要勇於承擔責任

5.6　都是「我們」的錯──面對顧客的投訴

5.7　樹立威信

5.8 和氣生財

5.9 自我提升

6 店長經驗專題共用

6.1 讓顧客越來越多（包括讓顧客對您的服務更滿意、更好地維護您與顧客的關係等）

6.2 更好地管理您的員工（包括表揚與批評、員工心態調整等）

6.3 讓自己的工作更有成效（包括平常要做好記錄、吸取經驗教訓等）

6.4 在競爭中更好地生存

7 店長的工作績效考核標準

（略）

5 單店店員手冊

　　單店所有的設計內容需要通過店員來實現，店員是單店設計內容向顧客展示的主體，因此，店員手冊的主要內容就是詳細地描述一個店員所應知道和掌握的技術、知識等。

　　下面是一個店員手冊的目錄範本，讀者朋友可以作為參考。

1 單店理念
1.1 品牌詮釋
1.2 經營服務理念
1.3 企業文化

1.4　單店描述

1.5　店員描述

2　員工定位

3　工作原則和要求

3.1　品質高於一切

3.2　資訊的及時調查和分析

3.3　提供客戶無法拒絕的服務和產品

3.4　接觸

3.5　溝通

4　員工崗位和職責

4.1　全部崗位劃分

4.2　每類崗位的工作範圍、職責描述

4.3　等級劃分（包括每類崗位）

4.4　崗位職責規範（包括每類崗位）

5　待崗流程

5.1　營業前準備

5.2　營業中（包括開早會、進入工作、整理工作、收銀作業等）

5.3　營業後

5.4　衛生

6　禮儀規範

6.1　總體禮儀規範（包括制服、儀表、儀容、禮貌用語、接聽電話、上門服務、店內服務等）

6.2　特殊禮儀規範

7　服務制度與流程

7.1　服務制度（包括預約制度、輪籌制度、點鐘制度、迎賓輪流制度等）

7.2　服務流程（包括服務的過程流程，亦即從顧客進門開始到顧客出門中的所有主服務和輔助服務的流程細節）

7.3　預約表

7.4　顧客諮詢卡

8　員工培訓機制

8.1　培訓整體規劃

8.2　培訓內容

8.3　培訓方式

8.4　考核

8.5　其他

9　員工考核機制

9.1　績效考核評定表

9.2　績效考核實施細節(包括考核等級表、考核方式及程序、考核爭議的處理、人事變動與考核工作、薪資與職位的調整標準等)

10　員工晉升機制

10.1　晉級方式

10.2　晉級標準

11　獎懲制度

11.1　獎勵制度

11.2　懲罰制度

12　薪酬制度

12.1　薪資評定

12.2　薪金級別

12.3　提成

12.4　發薪

12.5　加班薪資

12.6　病、事假薪資發放

12.7　薪酬工作審核

13　店鋪管理制度

14　其他制度

14.1　解僱與辭職制度(包括辭職、辭退等)

14.2　假期制度(包括例假/補休、法定假日、病假、事假、曠工、婚假、產假等)

14.3　制服制度

14.4　固定資產管理制度

14.5　安全保衛制度

15　緊急情況處理

15.1　顧客失竊

15.2　顧客病傷

15.3　電腦系統出現故障

15.4　火災事故

15.5　緊急停電事故

15.6　搶劫事件

15.7　其他突發事件

16　常見問題及處理

17　附件

17.1　勞動合約

17.2　培訓合約

17.3　試用合約

17.4　保密合約

17.5　員工手冊

17.6　其他

6 單店技術手冊

所謂技術是指那些與企業主營業務有關的行業性服務技術，並非通用的管理技術（因為銷售、經營、人力資源管理等都可以說成是一種技術），例如美容院的美容技術、餐飲店的烹飪技術、化妝店的化妝技術、足療館的足底按摩保健技術、茶館的茶道技術、眼鏡店的驗光配鏡技術等。所有這些技術性的操作都有其規定的基本原理、方式方法、流程、技巧、注意事項等，這些必須寫進專門的技術性手冊裏，以便技術人員隨時參考學習。

技術性手冊其內容一定要非常詳細，排版方面注意圖文並茂，說明要深入淺出，就像是一部機器的使用說明書一樣，讓讀者可以切實地參照手冊內容進行實際有效的操作。

7 單店制度彙編

不依規矩，不成方圓。企業也是如此，沒有一定制度的約束，企業就不能維持一個良好的經營秩序，從而就不能有效地取得成功。

《單店制度彙編》手冊的目的就是把一個單店內的所有制度分門別類地整理、歸納到一本手冊中，以便需要時可以很方便地查找

到。

　　下面是某公司制度的名稱目錄，企業可以根據自己的實際情況進行選擇。

1　通用制度
1.1　力資源管理制度
1.1.1　人力資源計劃
1.1.2　聘用制度
1.1.3　培訓制度
1.1.4　考核制度
1.1.5　薪資制度
1.1.6　福利制度
1.1.7　獎懲制度
1.1.8　崗位、職務變更制度
1.1.9　工作交接制度
1.1.10　員工工作合約管理制度
1.1.11　工時制度
1.1.12　請休假制度
1.1.13　員工申訴處理制度
1.1.14　加薪晉級管理制度
1.1.15　公司員工手冊
1.2　行政管理制度
1.2.1　檔案管理
1.2.2　公文管理
1.2.3　保密制度
1.2.4　印章的使用和管理
1.2.5　複印列印管理
1.2.6　辦公用品管理
1.2.7　辦公室管理
1.2.8　電話管理
1.2.9　電腦管理

1.2.10　通訊設備器材管理

1.2.11　差旅管理

1.2.12　車輛管理

1.2.13　考勤管理

1.2.14　安全防火管理

1.2.15　前台接待管理

1.2.16　胸卡佩戴管理

1.2.17　工作守則

1.2.18　會議制度

1.2.19　儀容儀表制度

1.2.20　制服制度

1.2.21　購物管理制度

1.2.22　來人、來電、來函管理制度

1.2.23　衛生制度

1.2.24　員工宿舍管理制度

1.2.25　電器管理制度

1.2.26　報刊管理制度

1.2.27　維修制度

1.2.28　安全保衛制度

1.3　財務管理制度

1.3.1　會計基本制度

1.3.2　合約管理制度

1.3.3　會計檔案管理

1.3.4　現金和票據管理

1.3.5　會計核算制度

1.3.6　請款報銷管理

1.3.7　固定資產管理

1.3.8　低值易耗品管理

1.3.9　清產核資管理

1.3.10　內部審計管理

1.3.11　日常財務管理

1.3.12　發票管理辦法

1.4　業務制度

1.4.1　預約制度

1.4.2　輪流服務制度

1.4.3　迎賓輪流制度

1.4.4　點鐘制度

1.4.5　顧客諮詢管理制度

1.4.6　待崗、服務過程制度

1.4.7　競爭管理規定

1.4.8　店鋪管理制度

1.4.9　獎金提成制度

1.5　物流制度

1.6　行銷、促銷制度

1.7　固定資產管理制度

1.8　資訊管理制度

2　責任制度

（略）

3　特殊制度

3.1　員工提案制度

3.2　員工日制度

3.3　公司日制度

3.4　員工交流制度

4　加盟商制度

4.1　向總部彙報制度

4.2　與總部溝通制度

4.3　費用交付制度

4.4　保密制度

4.5　手冊使用制度

4.6　其他制度

8　單店常用表格

　　任何一家單店都會運用一些常用的表格，下面是某企業表格目錄，企業可以作為編寫相關表格的參考資料。

1　人力資源

1.1　人力資源狀況調查表

1.2　人員招聘計劃表

1.3　人員招聘申請表

1.4　面試通知書

1.5　錄用通知書

1.6　未錄用通知書

1.7　求職人員登記表

1.8　臨時人員聘僱申請表

1.9　臨時人員僱用資料表

1.10　員工辭職申請單

1.11　離職申請書

1.12　離職人員面談記錄

1.13　員工免職通知單

1.14　離職人員應辦手續清單

1.15　移交清單

1.16　業務交接報告

1.17　考勤記錄表

1.18　簽到(退)簿

1.19　工傷報告單

1.20　加班申請單

1.21　請假單

1.22　公出單

1.23　員工基本資料卡(A)

1.24　員工基本資料卡(B)

1.25　人員調職申請表

1.26　人員協助申請單

1.27　升遷申請單

1.28　人事變動申請表

1.29　人事命令通知單

1.30　職務變動公告

1.31　新進員工報到手續單

1.32　新進員工職前介紹表

1.33　試用協議書

1.34　新員工試用表

1.35　新員工試用評核表

1.36　改善提案表

1.37　改善提案受理登記表

1.38　出差申請單

1.39　車輛使用申請單

1.40　派車單

2　財務管理

2.1　財務狀況控製表

2.2　資產負債表(正面)

2.3　資產負債表(背面)

2.4　財務比率分析表

2.5　資金來源運用預算表

2.6　各項費用支出預算表

2.7　銷售預算表

2.8　現金收支日報表

2.9　銀行存款收支日報表

2.10　現金盤點報告表

2.11　借款單

2.12　比較損益表

2.13　管理費用預算表

2.14　材料明細表

2.15　成本明細表

2.16　銷售月報表

2.17　銷貨明細表

2.18　營業收入明細表

2.19　財產目錄

2.20　固定資產登記卡（正面）

2.21　固定資產登記卡（背面）

2.22　固定資產增減變動明細表

3　行銷管理

3.1　市場調查計劃表

3.2　試銷狀況調查表

3.3　產品/服務的購買率調查報告表

3.4　滯銷商品/服務調查分析表

3.5　市場總需求量調查表

3.6　新產品/服務開發評價表

3.7　廣告預算表

3.8　季廣告費用分析表

3.9　客戶促銷計劃表

3.10　月行銷業績統計表

3.11　年銷售業績統計表

3.12　業務日報表（主管）

3.13　抱怨單

3.14　客戶抱怨處理表

3.15　售後服務電話訪問報告單

3.16　出貨單

4　物料管理

4.1　物料表（BOM）

4.2　年度材料耗用預算表

4.3　呆廢料處理申請單

4.4　呆廢料處理報告

4.5　請購單（A）

4.6　請購單（B）

4.7　委外加工申請單

4.8　原料耗用分析表

4.9　物料卡

4.10　材料庫存月報表

4.11　收貨單

4.12　委外加工驗收單

4.13　領用材料記錄表

4.14　材料庫存月報

4.15　盤點卡

4.16　物料盤點表

4.17　材料、副料盤點清冊

4.18　庫存盈虧明細表

4.19　退料單

4.20　訂購單

4.21　採購程序及准購許可權表

4.22　材料採購計劃

4.23　用料訂購計劃表

4.24　採購詢價單（A）

4.25　採購詢價單（B）

9 加盟指南

《加盟指南》的主要內容分為三大部份：正文文字、圖案和通常被作為附件的加盟申請表格。

一、正文文字部份

1.特許人簡介（名稱、歷史等）及聯繫方式，包括電話、傳真、E-mail、網站、地址、郵遞區號、來本企業的交通路線等。

2.特許經營體系的優勢及其所提供的支援。文字一定要精練、優美、深刻，例如使用一些可突出語言效果的排比、對仗格式等。下列為某特許經營企業的例子。

3.宣傳口號或企業文化的摘錄（通常為企業理念，即 MI 部份）。

4.已有的加盟店及本招募文件所要招募的受許人的數量、地區。如果能用圖（例如一張全景地圖，需要招募的地區和已存在加盟商的地區分別用不同的顏色或圖形標記）表示，則會更生動些。

5.對合格受許人的要求。記住，不能太過具體和苛刻，因為這很可能使一些本來是合格的人不敢諮詢。這些要求可以稍微有些「含糊」和「大眾化」，儘量不讓每一個可能合格的潛在加盟商產生自己被排除在外的感覺。條件的數量也不要太多，因為「言多必失」，一般有 3～5 條即可。

6.常見問題回答，即 Q&A。挑一些經典的、能突出本企業特色和長處的、經常被問及的問題，問題數目一般不超過 15 條，注意問和答的語言都要簡練、準確、生動。

常見的問題例如有：

- 特許體系的業務主要包括那些內容？
- 加盟店的產品和服務主要有那些？
- 我們和其他品牌的同類店的區別是什麼？
- 除了單店加盟外，可以區域加盟嗎？
- 加盟商可以是幾個人、幾個公司或幾個合作夥伴共同擁有嗎？
- 加盟商應支付的特許經營費用主要有那些？（如果別處已經有了費用的列表，此問題就不要再重覆）
- 加盟商在選擇店址方面能獲得那些指導與幫助？（如果別處已有，此問題就不要再重覆）
- 特許人怎樣提供裝修方面的幫助？（如果別處已有，此問題就不要再重覆）
- 特許人為加盟商提供那些培訓？（如果別處已有，此問題就不要再重覆）
- 加盟商會得到何種行銷及廣告支持？（如果別處已有，此問題就不要再重覆）
- 加盟商接受特許人安排的物品採購，特許人是否加價或收取佣金？
- 加盟店裏出售的商品或提供的服務包括那些？有無限制？
- 特許人如何對商品進行統一配送？（如果別處已有，此問題就不要再重覆）
- 總部如何保障加盟店的營運品質？
- 一家加盟店開業需要多長時間？

給加盟者的一封公開信

（業內最具競爭力的十項支持）

為了最大限度地保障所有加盟商的成功，總部會給予你（加盟商）在業內最具競爭力的傾力支持：

1. 全程指導：從選址、裝修、培訓、設計、開業籌劃、宣傳到開業的全流程指導，確保您無憂開業

2. 特惠扶持：前期 27～50 天不等的免費駐店指導、免收前三個月權益金等，確保單店開業後的運營走上正軌

3. 全面配送：從經營經驗、知識產權到店內佈置、形象設備的有形、無形品的全面配送，讓您實惠多多

4. 同步管理：24 小時的網路論壇、答疑熱線、專人督導等客服體制，確保您與總部的同步即時管理

5. 終生培訓：總部導師下店培訓及總部金牌學校高端培訓相結合的加盟商終生培訓計劃，將確保您的競爭力

6. 量身策劃：總部企劃人員既統一、又度身打造市場方案，更加適合加盟商個人的創業成功

7. 成熟模式：10 年行業積累、3 年成功加盟試點、2 次體系升級……資歷塑造了一套成熟財富加盟模式

8. 無限共用：加盟商定期大會、店長俱樂部等，為您提供分享開店感悟、共用財富經驗的無限交流平台

9. 即時資訊：多方實踐經驗、流行趨勢速遞、業內最新動態，讓您時刻掌握最新行業資訊

10. 強勢人力：包括但不限於會為加盟商推薦學員、為加盟商的大型活動派遣總部專家等

7. 特許經營相關費用的介紹。最好列成表格的形式，這樣比較直觀、清晰、易於記憶，也可以和單店的類型同時組合成一張表格，

如表 4-9-1 所示。

表 4-9-1　某特許經營企業的特許經營費用結構

項目	意向書 保證金	加盟費	權益金	市場推廣與 廣告基金	品牌 保證金
小型店 (150〜300m²)	×××元	×××元	×××元	×××元	×××元
標準店 (300〜500m²)	×××元	×××元	×××元	×××元	×××元
大型店 (500〜1000m²)	×××元	×××元	×××元	×××元	×××元
超大型店 (1000m²以上)	×××元	×××元	×××元	×××元	×××元

8. 單店投資回收預算表，即單店的投資回報分析表。如果是區域代理或區域加盟商，那麼區域代理或區域加盟商的投資回收預算表也可以放在此處。

注意，因為不同地區(例如一級城市、二級城市、三級城市、縣城、鎮)的經濟狀況不同，因此而導致的房屋租金、人力成本、能源價格、裝修費用、稅收等也會不同，所以企業在作投資回收估計時可以採用以下兩種辦法。

⑴全部計算。全部計算每個有代表性的經濟層次的市場中，每種規模的店的投資回收狀況，如表 4-10-2 所示。

⑵選取代表。如果企業不想將預算表做得那樣詳細，則可以選取代表性的店進行預算。例如選取中等或平均經濟水準的店所在市場作為預算對象，或選取中等規模的店作為預算對象。

另外,預算表中不但要有單店的經營狀況數據,還要有加盟商前期所需的一次性投資數額,如表 4-9-2 所示。

表 4-9-2　某特許經營企業的單店投資回報分析表　單位:元

一級城市						
店面類型		月均收入	月均支出	月均利潤	一次性投入	預計回收期(月)	前期所需資金
商場專櫃		×××	×××	×××	×××	×××	×××
店中店		×××	×××	×××	×××	×××	×××
獨立店	A 型(××m²)	×××	×××	×××	×××	×××	×××
	B 型(××m²)	×××	×××	×××	×××	×××	×××
	C 型(××m²)	×××	×××	×××	×××	×××	×××
二級城市						
店面類型		月均收入	月均支出	月均利潤	一次性投入	預計回收期(月)	前期所需資金
商場專櫃		×××	×××	×××	×××	×××	×××
店中店		×××	×××	×××	×××	×××	×××
獨立店	A 型(××m²)	×××	×××	×××	×××	×××	×××
	B 型(××m²)	×××	×××	×××	×××	×××	×××
	C 型(××m²)	×××	×××	×××	×××	×××	×××
商場專櫃		×××	×××	×××	×××	×××	×××
店中店		×××	×××	×××	×××	×××	×××
獨立店	A 型(××m²)	×××	×××	×××	×××	×××	×××
	B 型(××m²)	×××	×××	×××	×××	×××	×××
	C 型(××m²)	×××	×××	×××	×××	×××	×××

9. 加盟流程，最好畫成流程圖的樣式。不同企業、不同潛在加盟商的加盟流程基本類似，但也有不同之處，如圖 4-9-1 所示。

圖 4-9-1　加盟流程

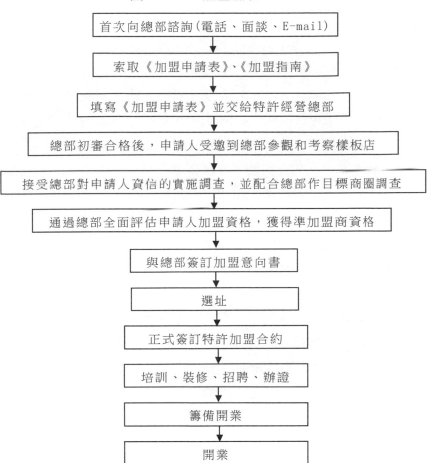

首次向總部諮詢（電話、面談、E-mail）

索取《加盟申請表》、《加盟指南》

填寫《加盟申請表》並交給特許經營總部

總部初審合格後，申請人受邀到總部參觀和考察樣板店

接受總部對申請人資信的實施調查，並配合總部作目標商圈調查

通過總部全面評估申請人加盟資格，獲得準加盟商資格

與總部簽訂加盟意向書

選址

正式簽訂特許加盟合約

培訓、裝修、招聘、辦證

籌備開業

開業

二、圖案部份

(1)特許人的商標、LOGO 等。

(2)特許人的單店不同角度、不同場景的視圖或照片，例如外觀

可以從左側、右側和正面等幾個角度取景。

⑶單店營業現場照片，一般拍攝客人多、交易氣氛熱烈的時候效果會更好。

⑷特色產品、設備或服務等。

⑸本特許經營體系或某些加盟店獲得的榮譽證書、牌匾、證照等，既可以單獨陳列，也可以疊放。

⑹作為「現身說法」的已有成功受許人的有關照片。應選擇不同地區的、不同規模能代表各個層面的加盟商代表。

⑺外界媒體對於本體系的報導，通常會作為文字的背景畫。

⑻前往本企業的交通圖。地圖要專門製作，特別突出本企業的位置，淡化其餘所有建築，例如可在大小、顏色、清晰度等方面加以區別。

⑼其他起襯托作用的相關圖片。

其中要注意以下幾點：

①圖片附近最好有相關的簡短說明。

②有的圖片未必要單獨陳列，也可以作為文字的背景。

③整個《加盟指南》最好是圖文並茂，應儘量避免純粹文字堆積或圖片數量太多的兩種極端情況。

④單獨陳列的圖片一定要清晰。

三、加盟申請表

常做成附頁或可裁減掉的形式，以便潛在受許人填完後郵寄或傳真給特許人。加盟申請表的基本內容可包括以下幾方面。

⑴申請人基本資料。包括姓名、性別、年齡、婚否、籍貫、學歷等。

⑵申請人聯繫方式。包括 E-mail、電話（辦、宅）、傳真、手機、

呼機等。

(3)申請人詳細地址、郵遞區號。

(4)申請人是否已有單店，若有，則此申請表中還應包括該店的一些基本情況，例如營業面積、店址、擁有人、經營業務、房產情況（產權者還是租用者）、贏利狀況等。

(5)申請人希望以何種方式加盟，亦即加盟後企業性質。

(6)申請入學習和工作簡歷。

(7)申請人欲加盟信息。計劃的店址、計劃的簽約時間、準備的投資額、加盟後的商業計劃等。

(8)特許人的調查。例如，通過什麼途徑知道本特許經營體系的，對特許人的希望是什麼等。

(9)其他。有的加盟申請表可能還會要求申請人提供一份簡單的申請人對於欲加盟地區的大致市場調查結果等。

各特許人可根據自己的特殊情況進行增刪。例如在特許經營剛出現時，鑑於許多人並不瞭解特許經營，許多特許人還在其招募文件上花費較大篇幅來介紹什麼是特許經營、特許經營的優勢等，給潛在受許人一個關於特許經營的現場「啟蒙教育」，而現在就沒必要繼續保留該項內容了。

10 加盟常見問題與解答手冊

對於招商人員，經常需要回答潛在加盟商的各種各樣的問題，所以，為了保證不同的招募人員都能以同一聲音、熟練地應對所有關於加盟的問題，企業有必要編寫一個專門的手冊，即《加盟常見問題與解答》，內容採用一問一答的方式。

下面是一些常見問題的目錄，企業可以根據自己的實際情況進行編輯：

· 我沒有任何從業經驗，能從事這個行業嗎？

· 本體系加盟店的主要業務是什麼？

· 加盟條件是什麼？

· 具體的加盟流程是什麼？

· 我們與同行競爭的優勢是什麼？

· 我們的產品或服務的特色是什麼？

· 為什麼客戶會一再地購買我們的產品？

· 我應該怎麼選擇加盟方式？

· 不同類的加盟店其加盟政策各是什麼呢？

· 如果當地有加盟店了，我還可以加盟嗎？

· 總部給予的支持都有那些？

· 我們的店與其他同類店的區別在那？

· 可以把店變成做商場專櫃的形式嗎？

· 商場專櫃和獨立店那個更好？

- 為什麼我們的產品折扣定為這個數額？
- 加盟費為什麼那麼高？或那麼低？
- 加盟能穩賺不賠嗎？
- 總部如何保證加盟店盈利？
- 任何一處的當地消費水準都適合加盟嗎？
- 產品或服務項目的成本怎麼樣？
- 當地至今還沒有類似的店，開這樣的店能行嗎？
- 其他公司都有裝修費的補貼和返回，你們為什麼沒有？
- 其他品牌都有很多的儀器配送，你們為什麼沒有？
- 能不能一個城市只設一家加盟店？
- 先做小型店，以後升級可以嗎？
- 我加盟是不是一定要到總部去呢？
- 怎樣選擇合適的地址？
- 招聘什麼樣的員工最合適？總部給加盟商提供員工嗎？
- 怎樣對加盟店的員工進行培訓？培訓什麼內容？
- 公司能經常進行培訓嗎？
- 裝修大概要花費多少？
- 為什麼看到你們的單店店面的裝修各不相同？
- 從籌備到開業大概需要多少天？
- 開業時你們派人過來指導嗎？主要指導什麼？
- 每個店面都有它的主打項目，那我們的主打項目是什麼？
- 總部做活動打折時，加盟商的利潤如何保證？
- 簽特許經營合約時為什麼沒有公證？
- 我們的產品可以出口嗎？
- 到總部考察，交通路線是怎樣的？

- 我們這個行業的未來發展的趨勢是什麼？
- 加盟店銷售好，進貨數量大時，拿貨折扣能否降低？
- 某些產品知名度不高，產品會銷售得好嗎？
- 加盟商如何知道產品新資訊？
- 產品供貨會及時嗎？產品齊全嗎？
- 加盟店的銷售情況好，但沒達到總部的要求怎麼辦？
- 總部如何實施全程的開業支援？
- 裝修一定要和總部完全一樣嗎？
- 加盟店招聘不到合適的員工怎麼辦？
- 裝修完後，按照總部的開業促銷方案實施，卻未達到預期的效果，怎麼辦？
- 總部如何對加盟店的選址提供具體建議？
- 加盟店在開業前期的廣告宣傳不夠，導致店鋪生意清淡，怎麼辦？
- 公司提供的宣傳資料能適合加盟商的當地情況嗎？
- 怎樣發展新顧客呢？
- 加盟店生意不好的時候，公司給什麼樣的支持力度？
- 店員專業技術和加盟商經營管理知識十分欠缺，怎麼辦？
- 總部的駐店指導人員的駐店時間是多久？
- 做了多種形式的廣告，但沒什麼效果怎麼辦？
- 總部的廣告支持政策是怎麼樣的？
- 配送的內容包括那些？
- 特許經營的費用都有那些？如何交付？
- 加盟期滿後可以續約嗎？如果可以的話，程序是怎樣的？
- 店內設備可以由加盟商自己購買嗎？

・ 總部現在有多少家加盟店？多少家直營店？

・ 總部實施特許經營是合法的嗎？

・ 總部有區域加盟或區域代理政策嗎？

・ 除了單店之外，公司的產品還有別的管道銷售嗎？

・ 公司有什麼專利？

・ 總部如何保障加盟商的區域專賣權？

・ 如果加盟商的第一家店生意好，再加盟一家時加盟金會便宜一些嗎？

・ 總部會為加盟商做單店投資預算嗎？

・ 總部在行銷上會給加盟商什麼支持？

11 特許權要素及組合手冊

本手冊的主要內容是對特許權各項要素進行詳細描述。

特許權的具體組成和特許經營的模式有關，不同的特許經營模式對應著不同的特許權，遵照特許權由簡單到複雜的順序，按單一元素到綜合模式級別，可以把特許經營分為以下六種基本類型：商標特許經營、產品特許經營、生產特許經營、品牌特許經營、專利及商業秘密特許經營和經營模式特許經營。

1. 商標特許經營

其特許權主要內容為：

(1)註冊商標。

(2)適用規定。

2.產品特許經營

其特許權主要內容為：

(1)產品系列名錄。

(2)銷售價格體系。

(3)銷售方式。

(4)售後服務。

3.生產特許經營

其特許權主要內容為：

(1)生產技術。

(2)關鍵技術。

(3)主要設備。

(4)廠房要求。

(5)現場管理系統。

(6)品質標準。

4.品牌特許經營

其特許權主要內容為：

(1)品牌名稱。

(2)品牌標識（顏色、圖形、代表物等）。

(3)品牌標語。

(4)品牌形象代表。

(5)品牌定位。

(6)品牌所代表的品質。

(7)品牌所代表的實力。

(8)品牌所代表的發展趨勢。

5.專利及商業秘密特許經營

其特許權主要內容即為對應的專利或商業秘密。

6.經營模式特許經營

經營模式特許經營特許出去的是一整套的運作方案，或者說，特許經營的內容其實就是建立並運營一個成功單店所需要的全部硬體和軟體，因此，經營模式特許權的內容就可以分為以下三個基本部份。

⑴硬體或有形部份。主要包括有關一個單店運營的產品、原料、設備、工具、單店的 VI、SI 等。

⑵軟體或無形部份。主要包括品牌、MI、BI、AI、專利、技術、秘訣等。這些通常是特許權的核心部份，因為無形資源的價值通常大於有形的部份。

⑶特許權的約束。特許權的授予還要有特許人附加的一定的約束和限制，例如時間限制、區域限制、數量限制、再特許限制等。

時間限制指的是受許人使用特許權有一定的時間期限，超過這個時間期限，特許權便不可再使用，受許人如想繼續使用，需要續簽特許經營合約。

區域限制指的是受許人擁有這個特許權之後，他(她)可以使用該特許權的地理範圍。

數量限制指的是受許人可以開設的特許經營加盟店的數量。

再特許限制指的是受許人可否將該「買」來的特許權再授予其他第三方。

12 分部運營手冊

分部或區域加盟商是特許人開展特許經營業務的重要幫手，它能有效地幫助特許人在某個更大的區域裏更迅速地建立、管理與運營特許經營的多家單店，因此，許多特許人都採用了這種方式推廣特許經營。

分部或區域加盟商手冊便是指導分部或區域加盟商如何在所特許區域開展工作的指南，其內容通常應包括本手冊使用注意事項、特許人的概況介紹、分部或區域加盟商的意義、分部或區域加盟商的組織結構及各個部門與人員的崗位責任制、分部或區域加盟商的工作內容、工作流程解析（人力資源管理、財務結算、市場開拓戰略戰術、商品管理、庫存、物流、單店管理、客戶關係管理等）等。一個區域加盟商的運作手冊應包括以下內容。

1 手冊介紹

1.1 簡介或前言

主要強調特許經營體系的意義在於特許人和加盟商雙方的共同努力和付出，指出本手冊的意義以及編寫目標，概括指出本手冊的大致內容和框架。

1.2 手冊使用指南

指出本手冊的使用和保管事項，包括誰、在什麼地方、以什麼方式、什麼目的、關於什麼內容時可以使用等。

1.3 手冊的修訂

指出本手冊的修訂辦法、修訂程序、修訂人、修訂週期、修訂消息如何發出，以及加盟商應如何對修訂通知做出回應等。

1.4 關於手冊保密

指出手冊的保密規定以及違反保密規定的後果，例如規定任何人都不許抄襲或複印本手冊的任何內容，或者以口頭傳達、錄音或其他方式將內容轉告他人。如必須向他人透露，須經過特許人總部的書面認可。否則，將被視為違反特許經營合約，特許經營合約可能因此而終止。

2 區域特許經營

2.1 特許人的權利

主要介紹特許人的各種權利。

2.2 特許人義務

主要包括特許人對於分部或區域加盟商的初期開業支持、配送、初期培訓和持續培訓、行銷廣告支援、區域保護等方面。

2.3 加盟商權利

2.4 加盟商義務

2.5 特許權

對本體系的特許權組成進行描述，包括有形的和無形的兩部份，針對的是分部或區域特許權。

2.6 產品與服務

對特許業務中的產品和服務進行說明，因為特許人的有些產品和服務不是或暫時還不是特許的內容之一。

2.7 特許人與加盟商之間的溝通

3 分部開設

3.1 確定分部的選址原則

分部的主要任務並不是對顧客進行直接的零售，而是開發、管理和服務自己區域內的單店網路，所以分部的選址原則就和單店的選址原則不同。分部應以下述各項為通用原則：

(1)便於開發、管理區域的單店網路。

(2)便於進行單店網路的物流配送、資訊傳遞等輻射性。為此，分部的位置最好能選擇該區域網路的中心，或一個可以方便地成為區域網路輻射中心的地方。

(3)可以靠近其中一個單店，這個單店通常是分部自己建設的直營店，也經常被作為這個區域網路的樣板店。有的分部還把分部和直營店連成一體，做成前店後部的形式，這樣，分部的人員就可以經常到單店的現場去實踐、去考慮，便於發現問題。

(4)因為分部自己沒有直接的經濟收入，所以為了節省費用，分部的地址可以選擇一個便宜些的地段。

(5)交通方便。

(6)市政等公用設施齊全。

(7)可以獲得。

(8)擁有期限要和分部的特許合約期限匹配。

3.2 目標市場調查和分析

因為分部的市場開發計劃是針對招募加盟商或開設區域內多家單店的。所以，分部的市場調查和分析應著重對有加盟意向的潛在受許人的調查和分析。這一點和單店不同，單店的市場調查分析重在本商圈內的潛在顧客，分部的市場調查分析則重在本區域內的潛在受許人。

為了在所特許區域順利建設特許經營網路，分部應對整個區域的經濟狀況、市場環境、人口統計、自然地理、人文風俗等進行「宏

觀」的調查分析，以便決定在這個區域鋪設特許經營網路的數量、進度、規模等。

3.3　分析並確定地址

根據選址原則和目標市場的調查分析，分部受許人可以選擇幾個候選的地址。然後逐一比較各自利弊，同時考慮到分部的較長期戰略發展，最後確定一處地址為分部的所在地。

3.4　人員招聘與培訓、證照辦理

分部招聘的人員和單店招聘的人員是不一樣的。通常情況下，單店的人員多是零售終端的執行層，其目的是保證單店的正常運轉。而分部的人員多是市場開發、後勤服務和管理人員，其目的是保證一個區域特許經營網路的正常運轉，保證這個區域內的多家單店正常運轉。

3.5　開業籌備與正式開業

分部的開業可以不必像單店的開業那樣，為了擴大地域影響而舉行一次比較隆重的開業儀式，但分部的開業也要做一些必須的公關和宣傳工作，例如在有關媒體上發佈開業資訊等。

4　分部日常運營

分部日常營運（BPI）指的是分部在開張以後的日常營運中所進行的所有工作的流程、步驟描述。根據分部的類型不同，其日常營運的工作也截然不同。不過如下四項任務內容是相同的：

· 開發區域市場，在所在區域進行特許經營招募和營建，建設區域的特許經營網路

· 為區域單店網路做後勤服務：商品配送、資訊管理、與總部的聯絡、培訓等

· 管理整個區域網路和區域內的各單店

‧其他總部約定的工作

4.1 招募與營建次加盟商

4.1.1 招募流程

招募與營建次加盟商是有些區域加盟商的主要或大部份工作之一，這項工作類似總部的招收加盟商，但它們之間還是有區別的。例如有的特許人會規定，區域加盟商只有權利和次加盟商簽定加盟意向合約，最終簽定特許經營合約時，還需要特許人和次加盟商親自簽約。也有的特許人給予了區域加盟商和其招收的次加盟商直接簽定特許經營合約的權利。

手冊的這一部份必須詳細地說明本體系的區域加盟商招募次加盟商的全部流程。

4.1.2 招募組織架構與崗位職責

因為要招收次加盟商，所以區域加盟商的招募組織架構以及人員崗位職責等在此要加以說明。

4.1.3 招募戰略

區域次加盟商的招募方法、招募規劃等內容要在此予以詳細地說明，以指導區域加盟商的招募工作。

4.1.4 營建次加盟商

講解區域加盟商在營建次加盟商中應承擔的職責、應實施的工作的內容和流程等。

4.2 庫存與物流

因為有的區域加盟商要承擔部份或全部物流配送的職責，所以本部份內容應至少包括如下方面。

4.2.1 存貨管理（存貨量、貨物調配、存貨盤點、補貨、驗貨程序、貨物差錯等）

4.2.2　退/換貨管理(條件、程序等)

4.2.3　貨款管理

4.3　財務管理

區域加盟商的財務管理比較複雜，因為他可能需要管理三個方面的財務：分部財務、自己的直營店財務、次加盟商的財務，所以手冊的本部份要分別對以下三方面內容進行講解。

4.3.1　分部財務管理

4.3.2　區域直營店財務管理

4.3.3　次加盟店財務管理

4.4　人力資源管理

本部份內容是區域加盟商或分部的人力資源管理，至少應包括如下方面。

4.4.1　人員組織結構

4.4.2　崗位職責描述(經理、職員、收銀員、物流、行銷、招募、保安人員等)

4.4.3　資歷(所有工作人員的崗位條件等)

4.4.4　招聘(包括廣告、面試安排、提問、觀察與評估、討論薪金、錄取、僱前健康檢查、個人資料存檔、報到、迎新等)

4.4.5　激勵

4.4.6　培訓

4.4.7　薪酬管理

4.4.8　考核

4.4.9　解除、終止、延續工作合約

4.4.10　工作時間(工作日、用餐時間、公共假期、班休時間、上下班時間等)

4.4.11　員工福利(年假、病假和住院假、婚假、喪假、產假、員工折扣、員工守則、紀律問題等)

4.5　市場行銷/促銷

主要包括兩大方面的行銷和促銷：一是招募次加盟商活動的行銷和促銷活動；二是單店的行銷和促銷。本部份必須對這兩個方面進行詳細講解，重點是招募次加盟商活動的行銷和促銷活動。因為單店的行銷和促銷會在單店手冊裏進行詳細描述，所以這裏可省去此部份內容。

4.6　客戶服務

主要包括兩個大的方面的客戶服務：一是對於次加盟商的服務；二是對於單店客戶的服務。本部份必須對這兩個方面進行詳細講解，重點是對於次加盟商的服務。因為單店客戶的服務會在單店手冊裏進行詳細描述，所以此處可省去這一部份內容。

4.7　區域管理/督導

管理區域特許經營體系以及實施督導權利是區域加盟商的主要工作內容之一，本部份應詳細講解區域次加盟商的區域管理和督導的方法、流程、技術等。

4.8　資訊管理

包括資訊自下而上的收集、整理、分析、彙報、傳遞等工作描述，以及資訊自總部向下的傳遞、監督、管理等工作描述。

4.9　加盟商培訓

對次級加盟商培訓，尤其是後期的持續培訓逐漸成為眾多區域加盟商的職責之一，此處重點描述的就是區域加盟商如何實施對次級加盟商的培訓，包括培訓的時間、地點、頻率、內容、方式、費用、師資、教材等。

5　附件

5.1　特許經營單店加盟合約

5.2　特許經營區域加盟合約

5.3　系列單店運營手冊

5.4　總部及各部門聯繫方式

13 （案例）「譚魚頭」火鍋連鎖店

成都「譚魚頭」火鍋四年時間在全中國開設 69 家連鎖店，年營業額 3 億元，並欲成為中國的「肯德基」，且準備成為首家「上市川菜」。「譚魚頭」是中國餐飲特許經營快速發展的一個典型。

但是，「譚魚頭」總部與加盟店的合作很快就出現了問題。2001年年初，全國 14 家加盟店的法定代表人彙聚成都，就供應原料價格、商標使用及內部管理等問題與總部舉行談判，但未能達成協定。

2001 年 11 月，北京的多數「譚魚頭」加盟店與總部解除合作關係，並改成了「李老爹」，且仍然經營四川火鍋生意。

此外，北京的一家分店因原料價格過高而拒絕購買，導致原料無法經營，總部將派駐人員撤離，並訴至法院。「譚魚頭」原料價格過高等問題的報導在社會上形成了不良影響。

從成都「譚魚頭」火鍋由於特許經營引起的糾紛中，我們可以總結出以下幾點：

(1)特許經營合約是紐帶，是維護特許品牌形象，保護特許人和

受許人共同利益，保障特許體系穩定健康發展的基石。

(2)總部應當嚴格按照合約約定收取特許經營的費用。

這些費用包括四項：加盟金、保證金、加盟費、其他費用。

①加盟金：需要一次性交納的費用，以取得特許經營的資格。

②保證金：出於對知識產權的保護和連鎖網路制度的遵守，也是一次性收取。

③加盟費：每年需要收取的費用。一般有兩種收取方式：定額收取和按比例收取。

定額收取是不管銷售額多少，利潤多少，都收取一樣的費用，其優點是方便，便於操作，但是不能與經營狀況掛鈎，有時不太公平。而按比例收取是根據加盟店的經營業績情況，按比例收取，相對公平。但這種方式也存在弱點，因為連鎖店的銷售額很難確定，財務控制也很難監督，操作起來非常有難度。因此，我們建議兩種方式結合起來使用，充分發揮兩者的優勢，同時可以避免各自的缺點。

但按比例收取，到底按什麼比例呢？這需要連鎖總部和加盟店雙方共同協商。國內規定這個比例不超過 3%。

④其他費用：原材料費用、設備費用。

(3)特許經營合約應當引入「競業禁止」的條款。

這是對連鎖企業知識產權等的保護，若合約中沒有，在合約終止後，加盟店可以經營競爭性商品，那麼對連鎖企業就會造成威脅。為了保護特許經營總部的權益，為了知識產權不流失，應該引入「競業禁止」的條款。

(4)特許經營合約應當對加盟店與總部之間發生爭議時解決程式進行合理規定，禁止加盟店違反合約約定的程式或單方解除特許合

約，並要求其承擔法律責任（不安抗辯）。

　　如果雙方對合約有爭議，為了避免對對方的傷害，要規範解決爭議的方法，共同協商解決。違約處理程式一定要在加盟和約中規定，否則違約時，雙方可以選擇三種解決方法中的任何一種，且不論順序。仲裁解決方式比較保密，即使不成功，也可以為訴訟做準備，給危機公關留點準備時間。採取訴訟的方法對總部損害比較大，尤其是對品牌的損失很大，所以不到萬不得已不要採取訴訟的方式來解決爭端。

　　法律上還有「不安抗辯」，通俗來說就是指合約一方覺得對方可能會危害到自己的權益或繼續履行協議會對自己造成損失，由此可以單方面中止合約。例如，總部發覺連鎖店經營不善，原料付款不是那麼及時，可能會拖欠，甚至可能倒閉，因此可以不發貨，並在程式上進行抗辯。

心得欄

第 五 章

連鎖總部營運手冊的內容

1 總部總則手冊

本手冊主要是描述特許人總部的概況、特許經營體系基本單元——單店的狀況，以及對特許經營系列手冊進行一個簡單的概覽性介紹。其主要內容可以包括以下幾方面。

1　特許經營體系簡介

1.1　企業的歷史

1.2　企業的目標

1.3　企業的經營理念

1.4　企業的品牌內涵

1.5　企業的經營戰略

1.6　企業的組織架構

1.7　特許權及組合

2　特許經營單店的簡介

2.1　單店的顧客

2.2　商品

2.3　服務

2.4　VI 設計

2.5　賣場設計

3　特許經營總部的組織架構和崗位職責

4　總部的管理制度

5　關於特許經營體系的手冊

5.1　手冊的作用

5.2　手冊的構成

5.3　手冊中用詞釋義

5.4　手冊的使用

5.5　手冊的管理

5.6　手冊的補充與修訂

2 總部人力資源管理手冊

《總部人力資源管理手冊》的主要內容是特許人總部的人力資源管理指導，包括整個特許經營體系（總部、單店）人員的所有管理內容，具體可以包括：人員的戰略規劃、發佈招聘資訊、資料篩選、面試、覆試、崗前培訓、分派職位、工作培訓、人員調動、人員升

降任免、福利措施、激勵手段等。

3 總部行政管理手冊

《總部行政管理手冊》是關於特許人總部的行政管理的描述，內容可以包括檔案管理、公文管理、保密管理、印章的使用和管理、複印列印管理、辦公用品管理、辦公室管理、電話管理、電腦管理、通訊設備器材管理、前台接待管理、員工差旅管理、胸卡佩戴管理、制服管理、考勤管理、安全防火管理、車輛管理、環境管理、費用請領管理等。

4 總部組織職能手冊

特許經營企業作為一個由總部自己的機構和眾多受許人與加盟店所組成的龐大而複雜的系統，要求有嚴密和科學的組織職能。在特許體系運行中所發生的人事、財務、物流、培訓、督導等眾多煩瑣的事務，必須要在總部的統一管理下有條不紊地運轉，任何一個環節的失誤都可能導致整個體系的不可挽回的損失。

而所有特許經營體系各部門、各環節、各流程、各階段及各方

面的有效、高效運轉，都離不開總部的領導和管理。特許經營體系
的總部就好比特許經營體系的「龍頭」，有了一個英明的和強有力的
總部，才能使整個特許經營體系永遠保持生機和活力，並在激烈的
市場競爭中立於不敗之地。

特許經營總部的組織結構因總部本身性質的不同而不同，所
以，我們下面分兩種典型的基本情況進行敍述。

第一種類型：特許經營體系是特許人惟一業務，即特許人是一
級法人的情況

總部組織結構圖有兩種形式，第一種形式如圖 5-4-1 所示。

圖 5-4-1　特許經營體系是特許人惟一業務時的
特許經營總部組織模型 I

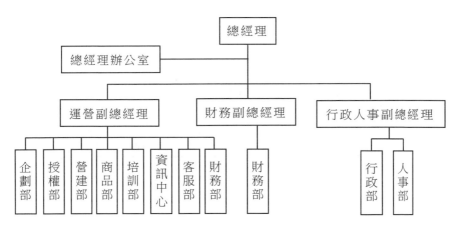

第二種形式總部組織結構如圖 5-4-2 所示。

圖 5-4-2　特許經營價格政策是特許人惟一業務時的

特許經營總部組織模型 II

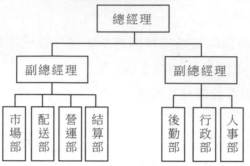

第二種類型：特許經營體系僅是企業業務之一的情況，總部組織結構也有可以有兩種形式。

第一種形式如圖 5-4-3 所示。

圖 5-4-3　特許經營體系僅是企業業務之一時的

特許經營總部組織模型 I

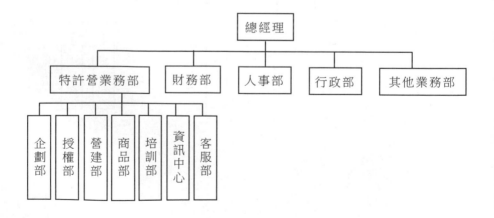

第二種形式的總部組織結構如圖 5-4-4 所示。

圖 5-4-4　特許經營體系僅是企業業務之一時的特許經營總部組織模型 II

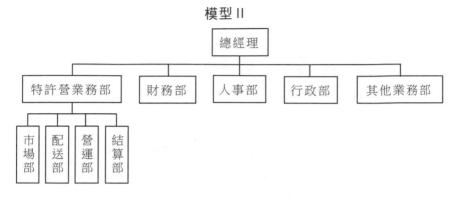

5 總部財務管理手冊

本手冊主要描述特許總部的財務管理，包括對總部自己的財務管理以及對於受許人的財務管理。

1　概述

1.1　財務管理的作用和重要性

1.2　財務管理的內容

1.3　財務名詞解釋

2　財務管理組織結構及崗位職責

3　財務管理工作流程

3.1 財務預算工作流程

3.2 應收應付賬款管理流程

3.3 成本核算工作流程

3.4 財務分析和報告工作流程

3.5 財務審計工作流程

3.6 其他財務工作流程

4 財務管理制度

5 財務電算化

6 附件：財務報表及傳票

6 總部商品管理手冊

商品是企業經營的核心。商品管理主要包括商品開發與採購、銷售、存儲。對特許經營體系而言，其商品管理的主要內容應當是商品的進、銷、存。更具體地說，商品管理主要包括了六個環節的管理，即採購、運輸、驗收、儲存、盤點與銷售六個方面。此外，商品管理還應當涵蓋商品的規劃、商品結構確定以及促進商品銷售的商品陳列策略等方面的內容。

本手冊就是對上述內容進行的描述，主要內容包括以下幾方面。

1 前言

對本手冊的內容進行框架性講解，概述商品管理的知識以及本手冊的目的、意義、使用方法等。

2 商品規劃與商品結構

一是要說明什麼是商品規劃，商品規劃的流程和具體內容，以及商品開發的相關知識與技術。

二是要說明什麼是商品結構，商品結構的類型，確定商品結構的原則，以及商品選擇要點等。

3　商品採購管理

3.1　商品採購的原則

3.2　商品採購管道（要對商品採購的各種管道予以詳細地描述，包括從廠商處直接進貨、從批發商處進貨、代理或代銷商品等）

3.3　商品採購的組織與管理（包括採購人員、採購計劃、以需定進、採購合約、驗收管理、在途管理等）

3.4　採購預算金額確定（詳細描述具體的辦法、計算公式和步驟等）

3.5　月份最佳庫存量（有的企業可能是週庫存或季庫存）

3.6　配貨（包括相關的機制、流程、實施者等）

3.7　調貨（包括相關條件、流程、費用、時間等）

3.8　上報（包括上報的對象、週期、內容、方法等）

3.9　結算（包括結算的人員、方法、流程、表格等相關規定）

4　商品陳列管理

4.1　商品陳列原則（例如顯眼、易於拿取、提高新鮮度、提高價值、引人注目、突出主打商品、襯托輔助商品、空間安排、亮度安排等）

4.2　商品陳列方法（例如有主題陳列、整體陳列、整齊陳列、隨機陳列、定位陳列、關聯陳列、比較陳列、分類陳列、島式陳列等，企業應對自己有特色的陳列方法進行詳細地描述，以便加盟商能根據手冊的描述進行正確的商品陳列）

4.3　商品陳列藝術趨向

4.4　商品陳列的工作程序（既包括環境分析與陳列規劃，訂貨、收貨、驗貨及相關事務，實際陳列擺放、確認與檢查，銷售、資料分析，補貨與週期性改變陳列等內容，也包括陳列流程中的人員、時間、分工、地點等的統籌安排）

4.5　單店商品陳列的總體佈局（從整個單店的大空間來講解商品的陳列佈

局）

4.6　櫃台佈置（從每個櫃台的角度來講解商品的陳列佈局）

4.7　附屬佈置（銷售商品或服務時的一些非賣品等的佈置，例如花卉盆景、圖畫、休息區設備等）

5　商品銷售管理

5.1　統計人員職責

5.2　商品陳列確認與檢查（主要講解商品陳列確認與檢查的標準、原則、人員和方法等）

5.3　商品的促銷（包括影響專營店促銷的相關要素、專營店促銷計劃與管理、賣場展示和 POP 等內容）

6　商品存貨管理

6.1　庫房管理人員職責

6.2　商品存貨的有效控制（包括兩類，即增量存貨規劃控制的方法和存量存貨的控制方法）

6.3　商品的盤點（包括盤點工作的意義、盤點的分類、盤點前準備工作、盤點工作小組及工作分配、盤點工作小組工作職責、規範及流程、盤點工作注意事項、核算盤點結果/更新數據庫、盤點圖表、盤點損失原因分析等內容）

6.4　商品的儲存管理（包括商品儲存的分類、儲存的方法、影響商品儲存量的主要因素等內容）

7　滯銷商品的處理（主要是講解商品滯銷的原因、分析及處理辦法）

8　附錄

附錄主要可以包括庫存情況月統計報表、銷售情況月統計報表、商品採購訂單、商品退貨單、商品返庫單、商品價格變更單、商品入庫單、商品出庫單、商品盤點表、單店商品配送單等。

商品管理的目的就是在適當的時候，以適當的價格，購買適當品質、適當數量的商品，並通過快捷的商品配送和有效的促銷手段，把商品銷售給顧客，以滿足顧客需求，獲得經營利潤。

7 總部產品知識手冊

在特許經營體系中，受許人運營業務的對象以及特許人進行特許經營運作的目的都是為了行銷特許人的產品（包括無形的服務），因此，受許人必須十分清楚特許經營體系的產品資訊，包括數量、品質、性能、工作原理、價格、包裝、使用方法、保存方法、產地、成分、生產、設計、研發、銷售管道、與同類產品的區別、宣傳口號、審批字型大小等。為此，本手冊的主要目的就是讓受許人全面掌握特許經營體系的產品知識。

除了直接的本體系的產品外，本手冊裏還應有一些與產品相關的必需背景知識，例如美容產品應加上皮膚、美容、護理等的相關知識，眼鏡產品還應包括鏡架、鏡片、驗光配鏡等基本知識。

8 總部招募管理手冊

沒有加盟商的加盟和單店營建，也就談不上特許經營體系的發展。特許經營體系的生存和發展是由特許人和加盟商的這種「夥伴」關係決定的。因此，能否招募到合格的加盟商並高品質地營建單店，是特許經營體系成功的關鍵一步，也是最基本的一步。

本手冊主要內容包括：加盟商招募工作內容；加明商招募工作職業素質要求；招募部門工作崗位職責；招募工作流程等。

9 總部營建管理手冊

在雙方簽訂合約之後。特許人應立即協助受許人做好單店的營建工作，主要的內容就是按照單店的《開店手冊》和《營運手冊》進行實踐操作。

《總部營建管理手冊》的主要內容是描述總部如何進行特許經營體系的營建與管理，具體內容可以包括營建部門的組織結構、崗位職責、營建規劃、營建流程、財務預算等。

10 總部銷售管理手冊

本手冊的主要內容是關於總部如何銷售產品和服務的，具體內容可以包括市場定位、產品定位、管道分析、市場調研計劃、市場分析、行銷戰略規劃、銷售部門結構及人員崗位職責、銷售流程、總部的銷售政策、CRM（客戶關係管理）等。

11 總部樣板店管理手冊

　　任何一個特許經營體系的推廣，其本質都是一個個特許經營單店的複製。作為複製「原本」的樣板店，對於整個特許經營體系的發展是非常重要的。同時，因為每個受許人都需要有一個培訓、業務運營的學習「示範」，尤其是當特許經營體系在一個新的、距離特許經營總部或總部樣板店較遠的地區開設加盟店時，特許人需親自或委託區域受許人建設一個本地區內的樣板店，以供其所輻射範圍內的所有其他加盟店培訓和學習。

　　本手冊是關於樣板店全套運營流程的綜述。其內容是單店日常營運的所有工作，包括人、財、物等各資源的管理，開門、營業、關門的所有程序。

12 總部物流管理手冊

　　物流配送是特許經營體系網路的一個重要環節。許多專家在評論連鎖事業的發展瓶頸時指出，配送或物流問題是制約連鎖企業規模做大、實力做強的三個最主要障礙之一（另兩個是人才和資訊系統）。在特許經營的統一模式中，配送的統一性既是特許經營體系的

要求和規定，同時也是一個特許經營體系競爭實力和優勢的體現。

連鎖體系發展的目的之一，即是為了將各連鎖店所需的產品品項加以統合運用，以大量採購的方式來降低產品成本，並提高服務品質以增加市場佔有率。而集中採購之後衍生出的配送問題，對連鎖體系來說，就更加重要了。

對任何的連鎖體系來說，物流配送管理即意味著成本的降低及服務水準的提高，而且可以使各連鎖店無後顧之憂，從而盡力去拓展客源，使連鎖體系更加發展壯大。

本手冊的主要內容就是描述特許人如何為各個加盟店進行物流管理和商品配送的內容、計劃、程序等，還可以包括物流策略、物流配送的原則和方式、配送活動的內容、訂貨進貨作業管理以及物流的費用項目及其分攤原則等。

13 總部資訊系統管理手冊

根據美國零售商協會(National Retailer Merchant Association)的一項調查顯示，有將近 80%以上的零售業者認為「商業自動化 POS 制度是支持連鎖零售業快速成長的惟一方向」，資訊系統的重要性由此可見一斑。

本手冊著重描述的內容是特許經營體系的資訊系統架構、原則、操作程序、設備狀況、運營流程、負責部門組織結構和各部門職責等。

14 總部培訓手冊

在特許經營中，加盟商一般都不具備特殊的技能或商業經驗，但特許經營又涉及到許多高度專業和範圍廣泛的知識與技能，所以盟主對加盟商的培訓非常重要。通過對加盟商的培訓，不但可以讓加盟商瞭解盟主的業務開展程序、運作方法等專業知識，更重要的是可以讓加盟商理解盟主的經營理念和發展目標，加強盟主與加盟商之間的溝通，便於雙方更好地合作。

此培訓手冊主要指的就是針對加盟商和加盟店員工的培訓。具體而言，《總部培訓手冊》內容可以包括以下幾方面。

1　概述

2　加盟商和加盟店員工的素質和能力

2.1　加盟商和加盟店員工的形象概描（說明本體系加盟商和加盟店員工的理想化「模型」是什麼）

2.2　加盟商和加盟店員工的基本素質和能力（包括多個方面，例如德、才、智、體、美等方面）

2.3　加盟商和加盟店員工的基本素質（同樣包括德、才、智、體、美等方面）

3　培訓工作的組織結構圖及崗位職責

4　培訓員守則

5　培訓管理規章制度

6　加盟商培訓安排

6.1　培訓方法（有集中授課、實習、演練、類比、參觀等各種方式）

6.2　培訓內容（以手冊為主，應至少包括行業技術和單店的經營管理這兩類）

6.3 培訓教材(以手冊為主，但也可以有一些是課件或別的書籍)

6.4 培訓師資(最好全部是自己的內部人員，但也可以聘請個別的外部教師)

6.5 培訓時間(可採取不間斷輪回制，隨到隨聽；也可以定期舉行)

6.6 培訓地點(因培訓方法的不同而不同)

6.7 培訓費用(初始培訓一般免費，食宿自理；後續培訓可酌情收費)

6.8 其他

7 附件

包括相關的一些圖片、表格等，例如表格有學員資料調查表、教育訓練調查表、受訓狀況記錄、教育訓練追蹤評估匯總表、學員心得、講師邀請函等。

15 總部督導手冊

在一個完善的特許經營體系中，對受許人的有效管理是整個體系至關重要的環節，也是科學地對整個特許經營體系實施有效控制與支持的基礎。整個管理機能需要總部的管理職能部門與其他各部門密切配合，對受許人所開展的營運活動予以監測、檢討和調整，並綜合分析機能、計劃機能和控制機能，最終通過督導員實施培訓、指導和監督，以達成管理目標，實現有效控制與支持，從而保證整個體系的平穩高效運轉。《總部督導手冊》的主要內容可以包括以下幾個方面。

1 督導工作的主要內容

督導工作並不僅僅是簡單的檢查、考核工作和對單店的經營行

為進行監督，督導員還應善於發現單店存在的問題並幫助他們解決，幫助、指導受許人和加盟店提升業績和改進營業水準。同時，督導員要做好上通下達的工作，保證體系中資訊的上下順暢流通。

具體而言，督導工作的主要內容應有以下方面。

1.1　商品管理督導

主要包括：

- 店面商品構成。根據總部的具體規劃實施陳列主力商品、輔助商品、刺激性商品(銷售性商品、觀賞性商品、誘導性商品)，隨市場情況而不斷變化，隨時調整搭配方法
- 商品陳列配置。根據空間、色彩、位置、商品種類等進行不同的陳列配置
- 商品價格
- 庫存和盤點
- 其他。包括商品的包裝、品質、來源、宣傳措施、附贈品等

1.2　店面形象管理督導

主要包括：

- 店面形象。店前空間、店面外觀、櫥窗擺設、店內佈局、色彩、陳列設備及用具的維護和選用
- 專營店容易進入程度
- 專營店展示陳列狀況

1.3　銷售管理督導

主要包括：

- 銷售狀況，包括硬體和軟體
- 促銷狀況，包括硬體和軟體

1.4　顧客服務管理督導

加盟店經營活動的最關鍵環節就是對顧客的服務。現代零售的
競爭，其本質就是爭奪顧客的競爭，誰的服務做得更細緻、更能滿
足顧客的需求，誰就能贏得顧客。顧客服務管理督導的主要內容應
包括：

· 顧客服務程序
· 顧客服務內容
· 接待顧客技術
· 顧客檔案管理
· 顧客服務的相關硬體狀況

1.5　崗位人員工作督導

指的是單店內各崗位工作人員的實際工作情況檢查。包括：

· 儀表。著裝、化妝、工作牌佩戴等
· 言談舉止。是否符合企業規範
· 精神面貌
· 數量

1.6　單店的其他運營狀況督導

· 培訓
· 廣告宣傳
· 特許經營合約的履行情況
· 企業文化的貫徹、實施情況
· 總部規定的其他事項完成狀況

2　督導員的職業素質要求

專職的督導員是一個要求綜合素質很高的職業，他（她）必須對
整個特許經營體系、總部，受許人的人、財、物以及所有工作的各

個方面都有所瞭解才行，否則，又怎麼能去督導別人呢？

2.1　督導員所需要的基本知識

- 區域督導員的工作職責及行為模式
- 公司的規章、制度、政策、中長期發展計劃
- 相關的政策法令
- 加盟合約，加盟規章
- 特許經營體系《運營手冊》規定的內容
- 特許經營的基本理論
- 企業診斷的基本技術

2.2　督導員所需要的基本管理才能

- 領導的才能
- 建立團隊的能力
- 諮詢輔導的能力
- 良好的組織、溝通與人際關係能力
- 分析問題與決策的能力
- 時間管理
- 壓力管理
- 公關能力
- 計劃能力

2.3　督導員所需要的專業知識

- 商圈調查與商情分析
- 店鋪銷售策略、促銷策略
- 盤損分析與行動計劃
- 談判技巧
- POS 情報運用與商品管理

· 門市店輔導實務技巧
· 總部部門職能的知識，包括財務會計、物流配送、人力資源、
廣告宣傳、市場推廣等的知識

3 督導工作的組織結構

特許經營體系的督導工作一般都屬於客戶服務部的工作內容之
一，當然也可以單獨地劃分出來，如圖 5-15-1 所示。

圖 5-15-1　督導工作的組織結構圖

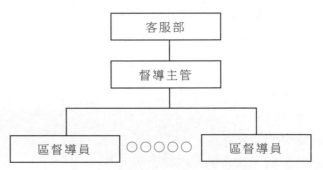

區域督導員既可以是特許經營體系所聘的專職人員，也可以像
有些特許經營企業那樣，邀請顧客積極參與，亦即每個顧客都可以
成為本體系的義務督導員；特許經營企業還可以在社會上公開邀請
義務人員擔當（對這些義務的「兼職」督導員而言，並不要求他們像
專職督導員那樣具有高度的綜合素質）。

4 督導員的崗位職責

· 負責樣板店與加盟店的規劃與商品配置的督導工作
· 負責樣板店與加盟店的每日開店作業流程、進度說明及控制
重點的督導工作
· 負責樣板店與加盟店的門店商品管理，如進貨驗收、損壞品
處理、商品調撥、退貨處理、商品價格管理、盤點的注意事

項、商品耗損防止的督導工作

· 負責樣板店與加盟店的退貨作業、損耗管理的督導工作。接受上級主管的業務督導和業務培訓

· 負責樣板店與加盟店的衛生管理的督導工作

· 負責樣板店與加盟店的安全管理，如消防、防盜、防騙、防搶、防止意外傷害等的督導工作

· 負責樣板店與加盟店的設備使用、維修及保養的督導工作

· 負責樣板店與加盟店的收銀管理的督導工作

· 負責樣板店與加盟店的服務管理的督導工作

· 負責樣板店與加盟店的人員出勤管理的督導工作

· 與其他部門合作無間，完成上級主管佈置的工作任務

· 執行與督導上級主管佈置的其他交辦事項

· 監督市場價格

· 維護品牌形象

· 監督對顧客服務的滿意程度

· 監督特許加盟合約的執行

· 資訊情報的溝通管理

5　督導的工作流程

· 制定工作計劃

· 設定標準，執行監督

· 對受許人的諮詢和收集資訊

· 對存在的問題進行分析、培訓、指導、解決

6　督導工作的管理制度

· 對於各個具體的受許人，做出相應的核檢標準

· 測評結果記錄備案，觀察其進步或退步情況

- 對成功的經驗進行總結歸納，對不足之處加以分析並進而提出改進方案
- 每隔一段時間測評一次
- 根據改進方案，制定培訓計劃，督導改進

7 督導工作的相關表格

下面的每一類表格都要針對所要督導的對象（例如商品管理、店面形象、顧客服務等），詳細列出所要檢查的每類對象的所有要素、每個要素的評價標準、評價方法、評價結果及處理意見。

這些督導的相關表格常見的有：

7.1 商品管理督導表

7.2 店面形象督導表

7.3 銷售督導表

7.4 顧客服務督導表

7.5 櫃台營業員服務規範核查重點

7.6 收款員服務規範核查重點

7.7 各個部門的具體工作人員服務規範重點

7.8 其他

16 總部市場推廣管理手冊

　　本手冊描述的主要內容是特許經營總部如何進行特許經營體系的擴張或如何建立特許經營網路的王國。具體內容可以包括市場推廣戰略規劃、負責部門、推廣目標、考核標準、競爭戰略、人員激勵政策、廣告宣傳策略、公關手段、特殊點策劃、時間和空間加盟網路分佈、費用計劃等。

17 總部 CI 及品牌管理手冊

　　本手冊主要是以下兩部份內容：

　　一是特許人的 CI，即企業識別體系的內容，包括企業理念體系（MI）、行為識別體系（BI）、視覺識別體系（VI）、店面空間識別體系（SI）、聲音識別體系（AI）五個基本組成部份。

　　二是特許人品牌的管理，包括品牌解釋、延伸計劃、品牌發展、品牌維護、品牌價值、品牌運營等內容。

18 總部產品設計管理手冊

本手冊的主要內容是關於特許經營體系的產品設計流程的，亦即包括特許經營體系內所有產品的研究開發、設計、試製、現場測試，一直到技術流程的設計、設備的選型等全套工作程序，同時，本手冊還講述特許經營體系的產品戰略發展規劃、負責部門及其職責。

19 總部產品生產管理手冊

本手冊是針對產品由特許人自己工廠生產或以 OEM 等形式生產的特許經營體系而言的，具體內容包括特許經營體系的各個類別的產品生產的戰略規劃、生產形式、具體生產廠家或協作單位情況、產量動態計劃、品質管理、原材料供應、庫存、費用結算、人員安排等。

20 CIS 的構成要素

　　企業文化對於特許經營是極為重要的，有學者甚至認為，特許經營的本質之一就是特許了一種企業文化，因此，他們認為廣義的企業文化其實就是特許經營體系的核心——特許權。

　　準備實行特許經營的企業必須要全面瞭解、正確認識企業文化，因為無論是在企業的特許權設計階段，還是在特許權的授予以及整個體系的營建、管理、維護和升級階段，企業文化始終都是一個起決定性作用的因素。

圖 5-20-1　企業文化的形成示意圖

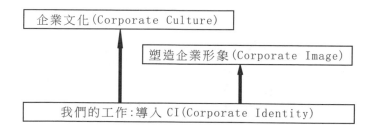

企業文化(Corporate Culture)

塑造企業形象(Corporate Image)

我們的工作:導入 CI(Corporate Identity)

　　經典或傳統的企業識別系統(CIS 或 CI)認為其包括三個部份，即 MI(Mind Identity，理念識別)、BI(Behavior Identity，行為規範識別)、VI(Vision Identity，視覺識別)。根據現在的發展，以及出於對單店和特許經營的考慮，還應再加上三個部份，即 AI(Audio Identity，聲音識別)、SI(Store Identity，店面識別，或 Interior Identity 室內識別)和 BPI(Business Process

Identity,工作流程識別)。

圖 5-20-2　CI 的導入流程

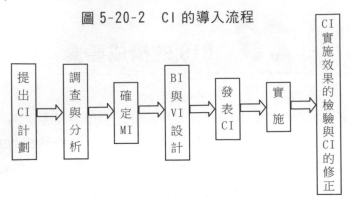

CIS 由企業理念識別(Mind Identity,簡稱 MI)、行為識別(Behavior Identity,簡稱 BI)和視覺識別(Visual Identity,簡稱 VI)三個系統構成,CIS 企業識別系統,則是這三方面因素協調運作的整合性成果。CIS 的組成見圖 5-20-3 所示。

圖 5-20-3　CIS 的組成

企業識別系統不但具有緊密的關聯性,而且具有很強的層次性。這三者之間各有其特定的內容,相互聯繫,逐級制約,共同作用,缺一不可。它們的關係見圖 5-20-4 所示。

在構成 CIS 的三個子系統中,MI 是其高決策層,是 CIS 戰略的策略面,可以比作企業的「心」;BI 是 CIS 的動態識別形式,是其執行面,可以比作企業的「手」;VI 是 CIS 的靜態識別符號系統,是

CIS 戰略的展開面，可以比作企業的「臉」。

圖 5-20-4 企業識別系統結構圖

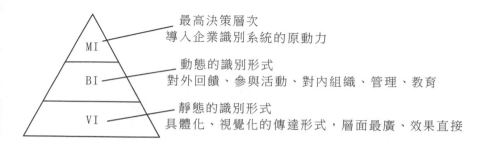

最高決策層次
導入企業識別系統的原動力

動態的識別形式
對外回饋、參與活動、對內組織、管理、教育

靜態的識別形式
具體化、視覺化的傳達形式，層面最廣、效果直接

圖 5-20-5 企業導入 CIS 的整體內容與程序

理念識別 MI		活動識別 BI	對內	對外
	1.經營信條		1.幹部教育	1.市場調查
	2.精神標語		2.員工教育：服務態度 電話禮貌、應接技巧 服務水準、作業精神	2.產品開發
	3.座右銘			3.公共關係
	4.企業性格		3.生產福利	4.促銷活動
	5.經營策略		4.工作環境	5.流通對策
			5.內部營繕	6.代理商、金融業、 股市對策
			6.生產設備	
			7.廢棄物處理、公害對策	7.公益性、文化性活 動基本要素
			8.研究發展	

	視覺識別 VI	基本要素	應用要素
		1.企業名稱	1.事務用品
		2.企業、品牌標誌	2.辦公器具、設備
		3.企業、品牌標準字體	3.招牌、旗幟、標識牌
		4.企業專用印刷字體	4.建築外觀、櫥窗
		5.企業標準色	5.衣著制服
		6.企業造型、象徵圖案	6.交通工具
		7.企業宣傳標語、口號	7.產品
		8.市場行銷報告書	8.包裝用品
			9.廣告傳播
			10.展示、陳列

圖 5-20-6　超市視覺識別構成要素

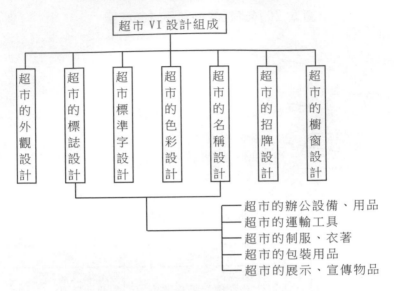

超市VI設計組成

- 超市的外觀設計
- 超市的標誌設計
- 超市標準字設計
- 超市的色彩設計
- 超市的名稱設計
- 超市的招牌設計
- 超市的櫥窗設計
- 超市的辦公設備、用品
- 超市的運輸工具
- 超市的制服、衣著
- 超市的包裝用品
- 超市的展示、宣傳物品

21 MI 理念識別手冊

　　理念識別(MI，Mind Identity)，是一個企業由於具有獨特的經營哲學、宗旨、目標、精神、道德、作風等而區別於其他企業。MI 是 CI 的靈魂，它對 VI 和 BI 具有決定作用，並通過 BI 和 VI 表現出來。理念識別的要素中，企業的群體價值觀是核心要素。

　　理念識別的基本要素包括：企業經營策略、管理體制、分配原則、人事制度、人才觀念、發展目標、企業人際關係準則、員工道德規範、企業對外行為準則、政策等。在編寫這部份內容時，手冊

上一定要加有對於理念詞或句的詳細註解,因為理念的詞或句通常非常精練和概括,讀者可能僅從字面上不能全面、深刻地理解理念的本質內涵和由來,所以需要在每一個理念的詞或句下面再用詳細的文字加以註解。

理念識別的應用要素包括:企業信念、企業經營口號、企業標語、守則、座右銘等。這些內容因為簡明易懂,所以可加註解,也可不加。

因為理念識別的內容不但要對內宣傳,還要對外公示,所以其措辭一定要準確、優美、得體、合法,並考慮不同接受人群的語言習慣。

22 BI 行為識別手冊

行為識別(BI,Behavior Identity),是指在企業理念統帥下,企業組織及全體員工的言行和各項活動所體現出的一個企業與其他企業的區別。BI 是企業形象策劃的動態識別,從 BI 實施的對象來看,它包括內部活動識別和外部活動識別,BI 是理念識別的最主要載體,包括企業行為和企業制度兩方面。

企業行為包括企業家的行為、企業模範人物的行為、企業員工的行為。

企業制度包括企業體制、企業組織機構、企業管理制度。

行為識別的要旨是,企業在內部協調和對外交往中應該有一種

規範性準則。這種準則具體體現在全體員工上下一致的日常行為中。也就是說，員工們一招一式的行為舉動都應該是一種企業行為，能反映出企業的經營理念和價值取向，而不是獨立的隨心所欲的個人行為。

23 VI 視覺識別手冊

視覺識別(VI，Vision Identity)，是指一個企業由於獨特的名稱、標誌、標準字、標準色等視覺要素而區別於其他企業。VI 的表達必須借助某種物質載體，VI 是整個企業形象識別系統中最形象直觀、最具有衝擊力的部份。人們對 CI 的認識是從 VI 開始的，早期的所謂 CI 策劃其實就是 VI 策劃。

VI 識別分為企業視覺識別基本要素和企業視覺識別的應用要素兩類。前者包括企業名稱、企業品牌標誌、企業品牌標準字、企業標準色、企業專用印刷字體、企業象徵造型與圖案、企業宣傳標語和口號等；後者包括企業固有的應用媒體(企業產品、事務用品、辦公室器具和設備、招牌、標識、制服、衣著、交通工具等)與配合企業經營的應用媒體(包裝用品、廣告、企業建築、環境、傳播展示與陳列規劃等)。

舉例說明，企業 VI 識別的基本要素可包含下列方面：

1.圖形標誌標準製圖(Standard Cartography)。

2.明度規範(Brightness)。

3. 輔助色彩(Accessory Colors)。

4. 中文標準字體（橫式）[The Logotype in Chinese (horizontal)]。

5. 中文標準字體（豎式）[The Logotype in Chinese (vertical)]。

6. 英文標準字體（橫式）[The Logotype in English (horizontal)]。

7. 中英文標準字體組合（橫式）[Chinese and English Combined Logotype (horizontal)]。

8. 中英文標準字體組合（豎式）[Chinese and English Combined Logotype (vertical)]。

9. 中文專用字體(Typeface in Chinese)。

10. 英文專用字體(Typeface in English)。

11. 標準組合形式(標誌與中文)[Graphic Image Combined With Chinese (horizontal)]。

12. 標準組合形式(標誌與中英文)[Graphic Image Combined With Chinese and English (horizontal)]。

13. 標準組合形式（豎式）[Graphic Image Combined With Chinese (vertical)]。

14. 標準組合形式(標誌與英文)(Graphic Image Combined With English)。

15. 企業品牌與分支機構名稱的組合（簡稱）(Graphic Image Combined with the Names of Corporation Branches)。

16. 組合形式的色塊反白規範(variation of the Combined Graphic Image)。

17. 輔助圖形(Accessories)。

18. 標誌網底(The Backdrop)。

19. 禁止組合(Banned Combinations of Graphic Images)。

企業 VI 識別的應用要素可包含十個方面，如表 5-23-1 所示。

表 5-23-1 企業 VI 識別的應用部份

1. 辦公用品系列
名片；　公函信紙(常用)；　　公函信紙(小規格)；　　常用信紙； 告示傳達紙；　常用型信封；　　航空信封；　開窗信封；　牛皮紙信封(大)； 牛皮紙信封(小)；　賀禮信封；　常用便箋；　　便箋(函文起草紙)； (14)介紹信；(15)員工申請表格；(16)邀請函；(17)賀卡；(18)證書；(19)明信片； (20)有價證券；(21)優惠券；(22)貼紙；(23)公文卷宗；(24)公文夾；(25)資料袋； (26)筆記本；(27)專用袋。
2. 企業證件系統
工作證；　名牌；　徽章；　臂章；　出入證
3. 賬票系列
訂單；　帳單；　報表；　送貨單；　合約書；　票據；　收據； 通知單；　財務報表夾套
4. 制服系列
企業職員夏季辦公服裝；　　企業職員冬季辦公服裝； 企業管理人員禮服系列；　　企業工作服系列；　研究人員工作服系列； 工作帽；　領結、手帕；　領帶別針、領帶；　公事包
5. 企業指示符號系列
企業名稱招牌；　企業內部公共標識系統；　建築物外觀招牌； 大門、入門指示；　參觀指示；　廠區規劃指示牌；　工廠告示牌
6. 辦公環境設計規範
辦公室環境空間設計；　　公司門廳接待處；　辦公室設備(式樣、顏色)；

部門牌；　告示牌；　記事牌；　公告欄；　茶具、煙具、清潔用品； 辦公桌上用品
7.交通工具系列
公司交通車(車體、車廂標誌)；　公司工程車、工具車；　各類貨車； 小車(車用飾物和示牌)
8.產品應用系列
商標(名稱及圖形)；　系列產品品牌；　產品容器；　產品標貼及標籤；　產品 內包裝；　包裝紙；　包裝箱；　包裝封條；　購物手提袋； 產品說明書
9.廣告應用系列規範
報紙廣告樣式；　雜誌廣告樣式；　直郵廣告樣式；　日曆；　海報； 戶外路牌廣告；　展示燈箱；　電視廣告；　電台廣告；　廣告宣傳單； 業務明細表；　技術資料；　促銷禮品；　商品目錄單；　企業宣傳冊
10.公司出版物、印刷物
企業報紙；　公司簡史；　年度報告表；　調查資料、調查報告； 獎狀、感謝信

　　注意，因為企業不同時期有不同的需要，所以企業可以就上面的應用部份挑選出一些自己目前需要用的來做，因為有的項目可能是本企業目前所不需要的。

24 SI 店面識別手冊

SI 系統的規範設計包含幾個最基本的原則：

第一，要與品牌的理念識別(MI)及行為識別(BI)相吻合；

第二，要充分考慮市場定位的適應性；

第三，要兼顧空間及美學、消費心理等多維層面；

第四，要在品牌視覺識別(VI)的基礎上延伸應用。

SI 系統必須與 VI 系統協調呼應，店內裝飾、門頭、主色調都應嚴格延續 VI 系統的規範，這樣才能有效地傳達品牌資訊，讓消費者多角度而統一地瞭解品牌，從而推動產品的銷售。

SI(Store Identity，店面識別或 Interior Identity 室內識別)，可以把 SI 當作 VI 的延伸，但 SI 的主要目的是在「三維空間」、「裝潢規格化」方面。SI 與傳統裝潢設計最大的不同就是，它是系統性、模組化設計，而非定點式設計，這樣做的好處是它更能適應連鎖發展時所碰到的每個店面尺寸不一的問題。SI 的規劃項目應至少包括：

1	總則部份	2	管理原則
3	商圈確定	4	設計概念
5	空間設計部份	6	平面系統
7	天花板系統	8	地坪系統
9	配電及照明系統	10	展示系統

11	壁面系統	12	招牌系統
13	POP 及 Display	14	管理部份
15	材料說明	16	施工程序
17	估價	18	協助廠商配合作業原則

SI 與傳統的裝潢設計有著本質的不同。SI 規劃與傳統室內設計，不論是方法上還是邏輯上都大不相同。

以前連鎖店的裝潢，只是針對某一個定點尺寸設計，以後的店便從原始的那家複製。當第二家店產生不一致的房屋結構條件時，設計就會作些修改，以此類推。到第 20 家店時，原先的設計就可能已經走樣了。再加上施工單位也會因地區不同而更換，這就更大大地增加了單店裝潢外觀走樣的幾率。

而 SI 的規則是針對所有可能的情況來設計，除了少數物品是固定尺寸外，其所有要素的設計全部採用比例或彈性規範原則，所以 SI 能更好地防止店店之間在外觀和裝潢上的走樣。SI 與裝潢設計之間的詳細比較如表 5-24-1 所示。

表 5-24-1　SI 與裝潢設計之間的比較

項目	SI 規劃	單點設計
設計標的	針對各種尺寸	針對單一尺寸
設計方式	系統性、規格化	缺乏彈性及應變能力
外在形象(image)	一致性高	容易各式各樣
設計費用	較高	較低
平均單店設計費用	很低(加盟時可攤提)	很高
施工時間/費用	短/少	較長/較高
加盟促進	較易	較難
運用情況	歐美國家大多採用	未充分規劃者採用

25 AI 聲音識別手冊

AI（Audio Identity，聲音識別），指的是一個企業的企業歌曲、口號、規定用語、標誌性聲音、背景音樂等，這是現在比較流行的一個做法，其效果也非常好。

聲音識別的設計和實施把單店的氣氛調「活」起來了，它改變了單店原先的「靜悄悄」，並使單店感覺更人性化。當然，聲音識別要和單店本身的其他特色搭配好才能相得益彰，否則就會起反作用。例如在理髮店，如果你在接受理髮服務時，店裏的背景音樂是激烈昂揚的搖滾曲，聽之令人禁不住想瘋狂地舞上一圈，那麼這時候，你會對拿著電動工具在幫你理髮的服務員的工作感到放心嗎？顯然不會。而如果此時店裏面放著輕柔舒緩的樂曲，你肯定就會感到無比的放鬆，一次美髮的服務也會變成一次愉快的經歷，這就是聲音用得恰到好處的妙處。

除了企業歌曲之外，企業也可以設計自己的「呼喊」口號，例如沃爾瑪在受到韓國企業的啟發之後，也進行了一個沃爾瑪連鎖百貨公司的呼喊。

（領呼）

我們一起說 W！我們一起說 A！

我們一起說 L！我們一起說 M！

我們一起說 A！我們一起說 R！

我們踩踩腳！我們一起說 T！

（齊呼）

我們就是沃爾瑪(WALMART)！

顧客第一沃爾瑪！

天天平價沃爾瑪！

沃爾瑪，沃爾瑪！

呼！呼！呼！

如此響亮的呼喊既使沃爾瑪平添了一份特色和有趣，也大大振奮了沃爾瑪的員工精神。

店內員工的標準化用語其實也是一種聲音識別，該識別對於店鋪的形象具有非常關鍵的作用，不可小視。

下面是 7-11 便利店的員工在聲音方面的一些規定舉例，從中我們可以感受到 7-11 的那種熱心、熱情和熱烈：

- 在櫃台時看見顧客進店，大聲喊「歡迎光臨」
- 在櫃台時看見顧客出店，大聲喊「非常感謝」
- 在上貨、清掃、陳列時看見顧客進店，高喊「歡迎光臨」
- 在上貨、清掃、陳列時看見顧客出店，高喊「非常感謝」
- 從臨時存貨間出來，走進銷售場時，高喊「歡迎您」
- 與顧客擦肩而過時，說「歡迎您」
- 清掃時擋住了顧客的道路立即道歉說「對不起」，並立即停止手中的活
- 在驗貨、上貨時由於貨物笨重造成通道狹窄時向身旁顧客說「請」，並把地方讓開
- 其他店員在喊「歡迎光臨、非常感謝」時，自己也隨聲高喊
- 對顧客的寒暄用語一般有五種標準形式：「歡迎您」；「非常感謝」；「是，知道了」；「請稍稍等一會兒」；「非常抱歉」

- 店員在換班離開商店時必須詠唱規定的誓言：「今天又是美好的一天，我們滿懷著自信和熱情，為尊敬的顧客提供最大的滿足，面對著店鋪，面對著商品，我們懷著深深的愛，不忘奉獻的精神為實現自己的理想而努力工作」
- 對顧客用語：「早上好」、「中午好」、「晚上好」、「請慢走」、「您辛苦了」、「您勞累了」、「請多休息」、「真熱呀」、「春天來了」、「櫻花馬上要開了」、「天氣轉涼了」、「真是冷呀」等
- 下雪天，進來小孩，要高喊「小心摔倒」
- 面對顧客的提問、碰到行人問路時，店員絕對不能說「不知道」
- 顧客結算時，必須高喊「歡迎您」
- 在顧客購買盒飯和食品時，要問一句「需要加熱嗎」
- 顧客等待時，一定要說「讓您久等了」
- 只有一個人結賬，而有很多顧客等待結賬時，要向同事高喊「請給顧客結賬」
- 當很多顧客在另一處等待結賬時，要說「請到這邊結賬」。

心得欄

26 BPI 工作流程識別手冊

BPI（Business Process Identity，工作流程識別），指的是企業或單店所有必要工作的流程和步驟描述。這一點對於特許經營來說非常關鍵，因為企業或單店的顧客能享受到實際消費利益的根本，還是在於企業開發的統一的工作流程。

麥當勞值得人們借鑑的成功之處有很多，其在每一個工作細節方面的科學、嚴謹、注重細節，也毫無例外地是讓人肅然起敬的。麥當勞為每個工作都設計了最科學的流程，經過長年累月的整理、提煉和科學設計，現在一家麥當勞單店需要做的工作共有 25000 條標準操作規程，這些規程都被寫進麥當勞長達 560 頁的作業手冊中，其中僅對如何烤一個牛肉餅就寫了 20 多頁。有了這樣標準化、簡單化、細節化的流程，麥當勞當然就可以快速複製其成功之道了。

27 （案例）譚木匠的連鎖成功之路

譚木匠控股有限公司管理中心位於香港和重慶，工廠坐落在三峽之濱重慶萬州。2009 年年底，譚木匠控股有限公司(下稱「譚木匠」)登陸香港聯交所，這多少有些讓人意外，一家「依靠小店賣木梳」的特許經營企業也能上市？作為一家以製造、銷售木梳為主的企業，譚木匠 2009 年的營業額達到 1．39 億元。

單一產品的銷售奇跡

從 1995 年正式註冊「譚木匠」商標，木匠世家的譚傳華選擇木梳作為唯一的產品，在銷售方式上則嘗試過沿街叫賣、主動進商場、被迫開專賣店，逐漸站穩了腳跟。而真正用特許經營的方式發展壯大，則頗有機緣巧合之意。

1998 年 5 月，一位四川南充的顧客主動要求在老家為譚木匠開分店，譚傳華的承諾是，「不收加盟費，裝修費由加盟商承擔，進貨先打款，賣不出去可以退貨」，對店鋪位置、裝修等沒什麼特別要求。第一家加盟店隨之誕生，並很快在兩年左右突破了 100 家。

1999 年 8 月，中國工商銀行萬州分行行長秘書李先群即將辦理內退，想起兩年前看到的譚木匠的「招聘銀行」事件，覺得這位老闆很有膽識，加上與譚木匠的品牌顧問李平是朋友，便決定到四川涪陵做譚木匠加盟店。如今，她已在北京擁有 11 家店鋪。

對這些自己銷售了 8 年多的木梳，李先群的理解與 8 年前相同：梳子是生活必需品，但局限是可重複消費性不強，不可能走量，只

能細水長流。不過譚木匠作為「工藝品日用化，日用品工藝化」的代表，其品質與品牌競爭力都有優勢。直到現在，很多人也不明白，在單一管道、單一品牌、單一產品這條「死胡同」中，譚木匠的贏利性究竟何在。對於這點，李先群也沒完全想通，她的 11 家店鋪裏，有的一個月能夠銷售七八萬元，較少時只能銷售兩三萬元，但每年同期的銷售額浮動都不大。

在零售業的特許加盟領域中，單一產品如何銷售算得上一個大難題。兩年前，譚木匠北京市場顧問陳思廷上任，他的一項重要任務是為加盟商進行銷售指導。他經常到加盟店中同店員聊天，分析每家的產品銷售情況。他每個月為北京市場的加盟商講課時，這些內容都將一同分享。

不過大家都心知肚明，「禮品」是譚木匠木梳最實際的身份，讓喜歡該品牌的人不斷愛上新的產品才是最重要的。除公司內部研發團隊之外，專業網站、院校以及國際設計師事務所都在為譚木匠的新品開發獻策獻力，這使譚木匠擁有近 3000 個品種，已獲得 60 項技術專利。也正因如此，一把梳子的價格才能夠賣到同類產品的幾十倍。

加盟店是其唯一的銷售管道，創始人譚傳華如何能讓 300 位加盟商甘心跟隨，成就這一「小店上市」的傳奇？

精選加盟商

據最新統計，譚木匠目前（2010 年）的專賣店數量已達 450 家（2010 年年底達到 500 家）。而這還是譚木匠嚴加控制的結果。2004 年，公司收到了 700 多份加盟申請，最後僅通過了 48 家；2005 年公司收到了 1000 多份加盟申請，開業者僅有 93 家。譚木匠把加盟商的選擇看得尤為重要，認為這是維護其連鎖品牌形象的首要控制

系統。

　　申請人首先要將加盟申請資料遞交給所屬片區（全國分五大片區），片區經理根據申請者的經歷、學歷、經商經驗，以及對譚木匠的認識等各方面進行初步審核。初審通過之後，片區經理和督導會約申請人在某地面談。嚴格控制加盟商，不至於因盲目擴張致使品牌管理失控，或許這才是譚木匠能夠健康活到今天的原因。

對加盟商的管理

　　1. 全國統一價在產品定價上，不分區域、城市，譚木匠在所有專賣店中實行完全統一的價格政策，明碼標價，不得浮動。相對那些給出加盟商很大價格浮動空間的連鎖品牌而言，譚木匠在價格政策上可謂是鐵板一塊，沒有絲毫彈性。

　　譚木匠在 1999 年開始發展加盟時曾有過這方面的教訓。因為考慮到東西部的經濟差異，譚木匠在東西部採用了不同的兩個價位，但一些西部加盟商自己吃掉了差價，致使價格管理一度出現混亂。為了維護品牌和加盟商的長遠利益，儘管遇到了極強阻力，公司最終仍以強硬的態度堅決統一了價格，實現了全國不二價。

　　自此之後，譚木匠便進入了穩健、快速的成長軌道。

　　另外在折扣模式上，同樣採取不分區域實行全國統一扣點，給公司和加盟商都留出了合理的利潤空間。耐人尋味的是，譚木匠給加盟商留出的利潤空間，相對其他連鎖品牌和同行業並不高，但譚木匠的加盟店卻一直活得很健康。究其原因，是因為一些連鎖品牌盲目追求擴張，放大利潤空間吸引加盟，之後又因彈性價格導致相互惡性競爭，隨意打折，利潤空間被自行壓縮，結果就把自己逼上了尷尬的境地。

　　2. 整齊劃一。對連鎖品牌而言，除產品之外，品牌形象主要是

透過連鎖專賣店的整體形象展現給公眾。堅守並維護專賣店整齊劃一的品牌形象，是譚木匠品牌的又一重要管控系統。

　　譚木匠對專賣店整體形象的控制，其實從選址之時就開始了。當准加盟商找到門店之後，必須就門店的位置、方位、周邊環境氛圍、面積、是否具備裝修條件等一系列問題，簽訂一份電子確認書，連同周邊環境的照片，一併發給片區經理和公司總部。初步認可之後，先由大區經理去現場審核，然後總公司國內業務部經理還要親自去店面進行審核，作最後確認。在雙方簽署了正式加盟合約之後，便進入了裝修程式。從選材到裝修，全部由公司派出的裝修隊一手包辦（譚木匠目前有 10 個裝修隊奔赴於全國各地），因為只有自己裝修，才能確保所有門店的形象都整齊劃一。從門楣字樣的書寫、店頭的全木包裝，到店內的木質展臺，乃至其他所有細節的佈置和裝飾，都全然一致，給人一色的精製、典雅和古樸的感覺。表面硬體的一致性設計和包裝其實不難做到，而專賣店的品牌形象還表現在店員的服務品質和服務精神。在譚木匠的裝修隊開始進駐之時，加盟商便開始接受專賣店標準化管理、企業文化、行銷服務技巧等一系列公司給予的培訓。

對加盟商的監督

　　即使有了一整套規範的管理體系，也並不意味著可以放任了。要讓分佈於各地的數百家專賣店體現出高度一致的服務精神和品牌信仰，不致人心渙散，還得持續投入、用心維護。譚木匠在全國每個片區都有 2～3 個督導員，督導員和片區經理每個月都會到轄區所有的門店進行現場考察和督導。

　　「加盟連鎖體系是一個大的家庭共同體，其中任何個體做了讓公司形象掉價的事情，都會影響到所有的加盟商，影響到顧客對你

的整體印象。」譚傳華深信，只有讓每個加盟商都表現出誠實守信的契約精神，才能維繫住連鎖品牌的整體凝聚力和號召力，品牌價值才不至於被稀釋。

加盟文化的詮釋

譚木匠加盟商的篩選順序是：先填寫資訊資料，經片區經理篩選之後剩下 1/10 左右，之後是三次約見，如果過關就再和總部對話。資料採集問卷中有一道題是「為什麼想加盟譚木匠」，四個選擇分別是「擁有自己的事業」、「喜歡譚木匠品牌」、「賺取利潤」、「獲得市場定位」。合適的加盟商應當對利潤不太看重，而沖著贏利去加盟的人在得知這種溫吞的經商方式之後，興趣也打消了一半。最重要的一點是，加盟商要跟公司有相近的價值理念。在片區經理約見加盟商的過程中，就會暗中考核其價值觀。

譚木匠的公司文化是「誠實、勞動、快樂」。譚傳華的朋友曾這樣評價：「大家看到譚木匠賺了多少，卻不知道他沒賺多少。」譚木匠杜絕言過其實和病毒式行銷，勇於說出自己產品的缺點：梳子會掉色，會掉齒，如果產品是整木加工而不是合木，還有可能折斷，但大家喜歡它就是看中了環保和天然，說出問題之後還會告訴顧客如何來避免。

對加盟商來說，加盟譚木匠就是認同了一種文化，而譚木匠也十分尊重所有加盟商。開年會時，公司高管會夾道迎接加盟商；同加盟商吃飯，一定是公司員工來付款；片區經理不能跟加盟商建立太緊密的關係，避免決策中有偏向；答應加盟商的事情一定做到。

28 （案例）全聚德烤鴨店的 CI 經營策略

1. 全聚德店導入 CI 計劃

北京的全聚德烤鴨店是世界聞名，2008 年第 29 屆夏季奧運會在北京舉辦，幾乎每一個選手都來此店吃過。

為了提高企業的整體形象，擴大企業聲譽，全聚德集團全面導入 CI 策劃，制定了集團宗旨、發展目標、經營方針和行為規範，並設計出全聚德商標、標徽、卡通形象、標準字、標準色和標準廣告用語等，並以規範的組合方式使用於連鎖經營企業的商品、服務、廣告、印刷品、辦公用品、名片、建築物、交通工具、服裝等。經過一段時間的實施，全聚德終於樹立了獨具特色、統一的企業形象，為特許經營打下了基礎。

2. 推出《全聚德特許經營管理手冊》，建立了連鎖經營管理體系

實行標準化管理，是連鎖經營的重要特徵。集團公司對全聚德傳統烤鴨、烹飪技術、管理模式進行了高度總結，並上升到數據化、科學化、標準化，制定了質量標準、服務規範、操作規程、製作技巧、食品配方等，在此基礎上正式推出了《全聚德特許經營管理手冊》。該《手冊》是全聚德特許經營管理的基本文件，明確規定了全聚德特許連鎖企業要達到質量標準統一、服務規範統一、企業標識統一、建築裝飾風格統一、餐具用具統一、員工著裝統一的「六統一」規範標準。《手冊》也是對使用全聚德商標的加盟店進行管理、

檢查、督導、考核的依據。推出《手冊》之後，公司即向所有連鎖店進行了貫徹落實工作，並依據《手冊》規定的內容實施全面管理。

為了使《手冊》一絲不苟地執行，公司建立了督導制度。對連鎖分店實施督導管理，是實施連鎖經營的一個極為有效的方法，也是國際連鎖企業成功的經驗之一。集團公司於 1995 年初組織了以專家技術人員和管理人員組成的督導小組，對 50 多家分店進行了第一次督導和技術指導。督導內容包括《手冊》所規定的其他應統一的內容。在檢查過程中，對分店的實際問題進行了現場技術指導，對幾家不符合條件的分店摘掉了「全聚德」商號，同時，還對廚師和服務員進行了技術考核、技術認證和菜品質量鑑定工作。這次督導對進一步規範經營和管理起到了很好的作用。在總結督導檢查的經驗基礎上，集團公司還將進一步完善督導內容和方法，建立區域管理和日常管理相結合的管理模式，強化管理，保證連鎖經營的健康發展。

此外，公司在實施督導的同時，也開始實行「秘密顧客」檢查制度。集團公司從社會上選聘有關專業人士，經過培訓後，以真實顧客的身份，對各分店進行定期和不定期的檢查。使集團公司對各分店的菜品質量、服務質量和管理水準等方面的情況掌握得更加真實準確，對出現的問題及時採取措施解決，加大了集團公司對各分店的管理力度。

3.配套設施建設，積極拓展特許事業

為了確保特許經營計劃的順利實施，科研、配送、培訓等各項配套設施必須相應跟上。

⑴積極開發新品種、新技術

在探索全聚德烤鴨正餐連鎖經營的同時，公司又吸取國外快餐

業連鎖經營的成功經驗，適應人們生活需求和飲食市場的變化，進一步開發全聚德快餐系列。除在北京繁華的前門大街開設了全聚德示範店、專門經營系列烤鴨套餐、冷菜、麵食等 10 餘個品種之外，又加快研製全聚德快餐新品種。經過兩次鑑定，確定了 3 個系列近 10 個品種，並開始向市場試銷，希望不久可以形成全聚德傳統宴席和現代快餐兩種經營方式併存、互相依托、共同發展的新格局。

公司還積極研製新技術，不斷改進製作技巧，提高產品質量。它們在先期完成並獲國家專利的不鏽鋼快裝式烤鴨爐的基礎上，又完成了複合式鴨爐、燃氣式烤鴨爐及烤鴨保鮮技術科研項目，並且已在連鎖企業中推廣，同時，全聚德專用麵醬和速溶鴨湯粉的研製工作也取得了進展。

⑵抓緊配套供應中心建設

在原料供應及配送上，集團公司提出幾方面措施：

一是加快建立食品加工基地，生產全聚德烤鴨、菜品、餅、麵醬等半成品和小包裝食品。

二是採取合作聯營、定點生產等方式，建立起養鴨基地、專用飲料基地、專用設備生產基地等。

三是加快做好配送工作，集團配送中心將逐步建立起企業訂貨、定點生產，統一結算的運作體系。

⑶建立培訓中心，規範培訓工作

要實施大規模的連鎖經營，企業的產品、服務、形象等各方面實現整齊劃一，對員工的培訓就顯得格外重要。為此，集團公司投資建設了集團培訓中心，承擔集團的各種綜合培訓、專業培訓和電教培訓。同時，集團公司的統一培訓教材《全聚德特許經營管理專業培訓教材》正式出版。已完成包括各級管理人員、廚師、服務員

等種類培訓班 8 期，共培訓集團核心企業、國內 16 個省(市)聯營企業人員 250 餘名。

隨著上述工作緊鑼密鼓地進行，公司開始全方位地向外拓展連鎖業務，相繼在重點省會城市和旅遊熱點地區開辦分店。同時，他們積極開拓海外市場，先是委託中國國際貿易促進會在世界 35 個國家和地區進行了「全聚德」國際商標的註冊工作，確保有效地維護公司商標在國際市場的合法權益。然後，他們在美國洛杉磯、關島、德克薩斯、休士頓等地建立了 6 家海外企業，希望通過這些分店，總結經驗，探索出一套中國餐飲業進入國際市場的途徑和方法。

心得欄

第 六 章

連鎖業營運手冊範例

1 門店衛生管理手冊

一、目的及使用範圍

1. 目的

2. 使用範圍

二、門店員工的個人衛生標準

1. 員工的個人健康標準

　⑴定期作身體健康檢查；

　⑵患有傳染性疾病應康復後才能上崗。

2. 員工應接受衛生部門組織的有關食物衛生知識的培訓

3. 門店員工的儀容衛生標準

三、乾貨賣場的清潔衛生管理

1. 賣場日常的清潔內容

⑴店內地板的清潔；

⑵天花板、燈管、牆壁、玻璃櫥窗；

⑶商品及陳列貨架；

⑷辦公台、收銀台、包裝台、服務台；

⑸凍櫃的清潔；

⑹手推購物車；

⑺洗手間；

2.清潔工作記錄及檢查

3.商品擺放陳列

⑴食品、用品應分開擺族陳列。

⑵有毒性的用品和藥品應離地面 1.2 米以上陳列。

4.商品的貯存衛生

⑴貨架不得存放過期食品。

⑵凍肉、點心、鮮肉、果菜、鮮奶、奶油在凍櫃存放的溫度。

四、生鮮、濕貨、熟食加工的衛生管理

1.生鮮濕貨、熟食加工不當容易引起食物中毒

2.從事生鮮、濕貨、熟食加工員的個人衛生要求

3.生鮮濕貨、熟食加工、售賣、貯存的衛生要求

4.生鮮濕貨、熟食專櫃、工作間、工具的清潔衛生要求

⑴專櫃、工作間清潔要求；

⑵各種用具、設備的清潔方法。

表 6-1-1　細菌性食物中毒種類

細菌種類		潛伏期	主要症狀
感染型	腸炎弧菌	15～24 小時	嘔吐、腰痛、發熱、下痢
毒源型	黃色葡萄球菌	1～6 小時	噁心、嘔吐、下痢、腹痛

表 6-1-2 細菌性食物中毒的預防

細菌種類	污染源及污染對象食品	預防法
腸炎弧菌	沿崖的海水魚類，3%鹽份、魚貝類、生魚片	用淡水洗淨 充分加熱（60攝氏度以上）
沙門氏桿菌	老鼠、蟑螂、狗、貓、畜肉、鳥肉、其他動物的腸肉	加熱到沸點 注意環境清潔
黃色葡萄球菌	手指之傷口、化膿、鼻、口腔之粘膜、蛋糕、餅乾類、蔬菜類、壽司、速食、煎蛋	戴帽子、口罩 消毒手指

表 6-1-3 各項用具及設備清潔方法

清潔事項	清潔劑（DIVERSAN）	方法	次數
陳列櫃/肉食櫃	清洗消毒劑：兩量杯粉約170克，配12升溫水	關閉電源 把櫃內貨品移離 移去橫架，浸於DIVERSAN溶液中，約浸5分鐘，隨即洗擦 刮去櫃內之肉碎及冰塊，並清理陳列櫃/肉食櫃排水管口的碎屑。（若排水管阻塞，將影響該櫃正常操作） 用DIVERSAN溶液抹淨櫃內 用清水沖洗 清洗不銹鋼部份 重新裝置櫃內設備及風乾	櫃：每星期一次。 陳列架、盆：每日放貨之前
人造草墊	清洗消毒劑：兩量杯粉末約170克，配12升溫水	用DIVERSAN溶液輕擦表面 用清潔溫水沖洗後，搖出多餘水分 風乾	每星期一次

續表

麵包爐/ 蛋撻爐/ 燒烤爐	GRILL&GREA SECUTTER 除 油劑 OVEN OFF 強 烈除油劑	關閉電源，讓爐冷卻 　拆下爐內支架，放於盛載溫水的盆 內 　將除油劑噴於支架表面 4.5分鐘後，或直至焦乾附著物變軟 　洗擦乾淨及用溫水抹乾 　用除油劑噴於爐之內外，等10～15 分鐘	每日一次
麵包爐/ 蛋撻爐/ 燒烤爐	GRILL&GREA SECUTTER 除 油劑 OVEN OFF 強 烈除油劑	洗擦各表面及用濕布抹淨；遇上頑 固油漬時，噴上強烈除油劑，等10分 鐘後，再用濕布抹淨（須確保所有爐子 強烈除油劑已清理） 　清洗爐內，並確保所有油劑已清理 　重新裝置局爐，應用膠套蓋上 10.若局爐停用時，應用膠套蓋上（備 註：當局爐仍然溫暖，或油污變軟時， 較易清洗）	每日一次
麵包/西 餅陳列架 /櫃	清洗消毒 劑：兩量杯粉 末約170克， 配12升溫水	把電源關閉 　把架/櫃內貨品移離，取出盛盆及用 DIVERSAN溶液清洗 　用濕布（以DRIVERSAN溶液浸過）， 洗擦乾淨架/櫃內部表面。 　風乾	每日一次
刀具/食 物鉗/食 物盆	清洗消毒 劑：兩杯粉末 約170克，配 12升溫水	用溫水稀釋DIVERSAN溶液 　將用具浸於DIVERSAN溶液中 　洗擦用具各部份，須特別留意用具 縫隙 　風乾	每次使用 後，另每日 最少一次

續表

砧板	清洗消毒劑	用濕海棉抹濕砧板 將DIVERSAN粉末灑在抹濕的砧板表面並洗擦 用濕布洗淨砧板表面後風乾	每次使用後，另每日最少一次
食物處理工作櫃	清洗消毒劑：兩量杯粉末約170克，配12升溫水	1. 用DIVERSAN溶液洗抹表面 用溫水沖洗後風乾 洗擦櫃腳及工作櫃底部，防止油脂及污垢積聚	每次使用後，另每日最少一次，第3點：每星期兩次
洗滌盆	清洗消毒劑	DIVERSAN粉末洗擦洗滌盆內外及水龍頭 沖洗後，用乾布擦亮水龍頭 清潔洗滌盆時，亦須清洗洗手液容器並檢查洗手液是否充足	每日一次
刀具消毒箱	清洗消毒劑：兩量杯粉末約170克，配12升溫水	用DIVERSAN溶液清洗刀具消毒箱之內外 用清潔溫水沖洗 把刀具消毒箱注滿消毒溶液（每天更換消毒溶液4次）	每次使用後，另每日最少一次
切片機	清洗消毒劑：兩量杯粉末約170克，配12升溫水	用濕抹布去肉碎 取出下層肉盆、滑動座和護刀罩，各零件置於注滿DIVERSAN溶液的洗滌盆內 用刷洗擦各零件 用DIVERSAN溶液洗擦切片機身、罅隙及刀片（清洗時需小心，注意不要被刀割傷） 重新裝置切片機及風乾 移開切片機，清潔工作櫃面	每次使用後，另每日最少一次

包裝機	清洗消毒劑：兩量杯粉末約170克，配12公升溫水	把電源關閉，取出插頭 用刷掃去包裝機內之食物碎屑 用濕布（以DIVERSAN溶液浸過）抹淨包裝機表面 用力洗擦頑固污漬 再用清潔濕布抹淨後風乾	每日一次
電子磅	清洗消毒劑：兩量杯粉末約170克，配12公升溫水	把電掣關掉，取出插頭 用毛刷掃去磅盆上之食物碎屑 用濕布（以DIVERSAN溶液浸過）抹淨磅盆及表面 取出磅盆並掃去盆下之食物碎屑 把磅盆放回原處	第1、2、3點： 每日一次 第4、5點： 每星期一次
垃圾桶	清洗消毒劑：兩量杯粉末約170克，配12公升溫水	1. 經常更換垃圾袋，不可積聚過滿垃圾 用DIVERSAN溶液清洗垃圾桶及蓋 套上新的垃圾袋及時蓋上桶蓋（備註：必須經常蓋好垃圾桶）	每日一次
滅蟲器		把電源關閉 取出並清理盛蟲盆，用濕布抹淨 徹底抹乾盛蟲盆後裝回原位	每星期一次
地面	清洗消毒劑：兩量杯粉末約170克，配12升溫水	把地上物品移離，掃去地上垃圾，需注意櫃下的地面 用溫水稀釋DIVERSAN溶液，拖洗地面，應特別留意牆邊及牆角，把地面徹底清洗 讓DIVERSAN溶液留在地面上一小段時間，再用乾拖把抹乾 每星期洗擦地面一次	第1、2、3點： 每日一次 第4點：每星期一次

續表

牆/門	清洗消毒劑：兩量杯粉末約170克，配12升溫水	把DIVERSAN溶液噴於表面上 　用濕布（以DIVERSAN溶液浸過）抹淨表面，擦去沾附的碎屑 　用清潔濕布再抹淨表面	每星期一次
隔油池	GRILL & REASECUTTER除油劑	初步清潔： 　把除油劑噴於隔油池的水管上，刷洗水管 　將隔油池內水和油污排走 　再將清水注入隔油池內 常規清潔： 　將半升除油劑直接注入隔油池內 　讓除油劑停留一夜，早上用清潔溫水沖洗即可	初步清潔： 每星期一次 常規清潔： 每星期兩次
去水渠	清洗消毒劑：兩量杯粉末約170克，配12升溫水	把去水渠蓋揭開清掃一次 　把DIVERSAN溶液倒在去水渠表面及渠口停留約15分鐘 　再用清水洗擦去水渠一次後把蓋蓋好	每日一次

表 6-1-4 ××超級市場分店每日清潔記錄表

店號：

項目＼日期	1	2	3	4	5	6	7	8	9	10	11	12	13	14
一、清潔貨架、商品														
1. 牛油櫃、水櫃、生果櫃														
2. 油架、米架														
3. 罐頭、醬料														
4. 糧果、餅乾、小食														
5. 沖飲、奶、麵包														
6. 果醬、甜品、早餐架														
7. 水品														
8. 煙酒架、藥架														
9. 文具用品														
10. 衛生用品														
11. 清潔用品														
12. 蛋架														
13. 其他														
三、洗雪櫃														
四、拖地														
五、洗抹收銀台及包裝台														
六、寫字間清潔														
七、後備倉打掃														
八、洗抹玻璃櫥窗														
經理簽名														

註：

1. 每天完成清潔項目由經手人員簽名，兩人完成由兩人一起簽名，多人完成由主管簽名(如多人一起洗地，由門店店長簽名，各收銀員洗抹收銀台、包裝櫃，由收銀組長簽名)。每天門店店長檢查各項清潔工作後，作總簽名。

2. 理貨員應負責分管商品及貨架的清潔，每天洗抹清潔一部份，每月至少把分管貨架及商品輪流洗抹一次，每天要註明已清潔範圍。

2　門店理貨工作手冊

一、目的及使用範圍

1.目的

2.使用範圍

二、理貨工作職責

1.職務聯繫

2.工作目標

3.工作職責

三、做好理貨工作應具備的基本知識

1.熟識門店的商品及分類

2.門店商品的陳列技巧

⑴門店商品陳列佈局

⑵門店商品陳列技巧

①橫架直列；

②商品面象陳列；

③袋裝商品陳列；

④疊磚式陳列；

⑤堆頭陳列；

⑥按貨架不同的高度層次陳列；

⑦價牌及面象數量定位。

3.理貨工具的使用知識

四、理貨工作規範

1. 支貨

2. 收貨

⑴倉貨收貨

⑵街貨、自購貨收貨

3. 價格管理

4. 商品陳列

⑴商品陳列的一般要求；

⑵特價商品陳列；

⑶節日及季節性商品陳列；

⑷新到商品的陳列。

5. 商品的跟進管理

⑴貨架商品整理；

⑵後備倉商品管理；

⑶商品有效期的檢查跟進；

⑷壞貨的處理。

6. 營造整齊清潔的購物環境

7. 做好門店的防損工作

8. 做好待客服務及導購工作

五、理貨工作流程

1.支貨工作程序

圖 6-2-1　支倉貨、街貨的工作程序

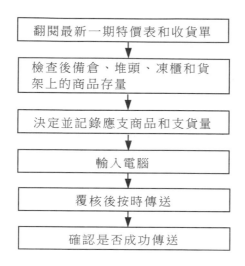

翻閱最新一期特價表和收貨單

↓

檢查後備倉、堆頭、凍櫃和貨架上的商品存量

↓

決定並記錄應支商品和支貨量

↓

輸入電腦

↓

覆核後按時傳送

↓

確認是否成功傳送

圖 6-2-2　支自購貨的工作程序

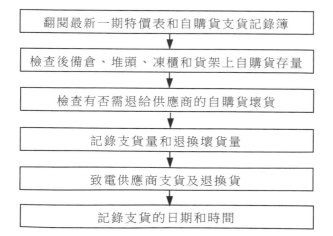

翻閱最新一期特價表和自購貨支貨記錄簿

↓

檢查後備倉、堆頭、凍櫃和貨架上自購貨存量

↓

檢查有否需退給供應商的自購貨壞貨

↓

記錄支貨量和退換壞貨量

↓

致電供應商支貨及退換貨

↓

記錄支貨的日期和時間

表 6-2-1 商品有效期檢查時間表

店號：＿＿＿＿＿＿＿＿＿＿＿＿＿＿＿＿月　　　經理簽名：＿＿＿＿＿＿＿

	日期 項目	1	2	3	4	5	6	7	8	9
每日檢查	生果、蔬菜									
	芝士、鮮奶									
	麵包、方便蔬菜									
每月檢查兩次	餅乾									
	朱古力									
	飲品									
	小食、薯片									
	凍品									
	調味料									
每月檢查一次	嬰兒食品									
	沖飲									
	罐頭類									
	果汁及甜品									
	果醬、早餐食品	-								
	油、米									
	餐酒、啤酒									
	菲林、藥									

3 門店商品管理手冊

一、目的和使用管理

1. 目的

2. 使用範圍

二、商品的分類管理

1. 按商品的用途屬性分類

(1)分區；

(2)部門；

(3)大分類；

(4)中分類；

(5)小分類。

2. 按商品的銷售情況分類

(1)主要商品；

(2)平銷的替補性商品；

(3)滯銷的商品。

3. 按商品的配送方式分類

4. 商品目錄

圖 6-3-1 倉貨（G）的採購及配送流程

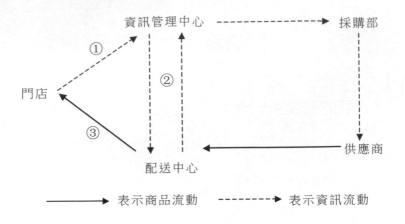

表示商品流動 ------► 表示資訊流動

圖 6-3-2 街貨（P）的採購及配送流程

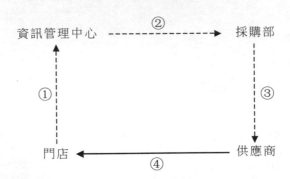

圖 6-3-3 自購貨（S）的估購及配送流程

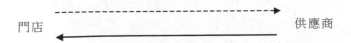

三、商品的支貨管理

支貨管理原則：

⑴公司統一分貨

⑵門店自行支貨

四、商品的收貨管理

1.倉貨(G)的收貨管理

⑴倉貨的卸貨組織

⑵倉貨的點收

2.街貨(P)、自購貨(S)的收貨管理

五、商品的轉貨管理

1.門店之間轉貨必須經區域督導員同意。

2.由轉出門店填寫轉運單，必須有店長、轉運人兩人以上簽單，再交配送中心安排倉車轉貨，轉入門店收貨後在轉貨單上簽名，並交財務部轉入電腦確認；未經批准，門店不得隨意轉貨。

3.寫字樓各部門不得從門店轉出商品，因業務需要商品時須付款購買。

六、商品的價格管理

1.除特別規定外，商品售量應由公司統一規定

2.定期商品變價

3.特價

七、商品的陳列管理

1.商品陳列的原則

⑴容易判別；

⑵顯而易見；

⑶伸手可取；

⑷豐滿陳列；

⑸先進先出；

⑹關聯性；

⑺同類商品垂直陳列的原則。

2.門店商品的陳列佈局

⑴按關聯商品類別劃分陳列區域；

⑵商品陳列擺放圖。

3.商品陳列規範

⑴商品陳列的一般要求；

⑵特價商品陳列；

⑶節日及季節性商品陳列；

⑷按新貨配置指引執行。

八、商品的儲存管理

1.門店後備倉的存貨管理

2.賣場貨架存貨管理

3.賣場堆箱的存貨管理（上貨時應注意先進先出）

4.貨頂的存貨管理

九、近期商品和壞貨的管理

1.門店近期的處理

⑴商品有效期的檢查跟進；

⑵近期商品的處理方式。

2.壞貨的處理

⑴壞貨的類型；

⑵壞貨的處理方式。

4 門店收銀工作手冊

一、目的及使用範圍

1. 目的

2. 使用範圍

二、收銀工作職責

1. 職務聯繫

2. 工作目標

3. 工作職責

三、做好收銀工作應具備的基本知識

1. 熟識門店的主要商品

2. 熟練掌握收銀機、讀卡機的操作

⑴熟練掌握收銀機操作：

　　‧ 輸入商品資料；

　　‧ 更正輸入商品資料；

　　‧ 退貨、換貨(由門店店長控制操作)；

　　‧ 取消整筆交易；

　　‧ 更改售價(由門店店長控制操作)；

　　‧ 收款方式；

　　‧ 其他操作功能；

　　‧ 下班前結算。

⑵讀卡機的操作要求掌握好：

・各種卡的輸入使用方法；

・成功接受交易的操作；

・不接受交易的操作；

・各種卡的真偽鑑別。

3.現金找贖技巧

⑴收取大面額紙幣的找兌；

⑵三唱一單；

⑶識別偽鈔。

4.為顧客裝袋技巧

5.收銀待客服務技巧

⑴收銀服務時不應有的表現

⑵收銀服務應對技巧

四、收銀工作規範

1.日常收銀工作

⑴上機前準備工作；

⑵接待顧客，把商品掃描入機；

⑶為顧客裝袋；

⑷結算找兌；

⑸更正、退換、取消交易；

⑹工作期間暫離崗位；

⑺兌換零錢；

⑻交收「大數」；

⑼下班前結賬。

2.待客服務工作

⑴保持儀表端莊、清爽，給顧客一個好的形象；

⑵對待顧客態度友善和藹；

⑶主動協助和照顧顧客；

⑷熱情有禮地回答顧客詢問；

⑸熟悉本職工作，提高工作效率，減少顧客等候的時間；

⑹處理好客人的投訴，避免與顧客發生衝突。

3.商品防盜工作

4.清潔工作

五、收銀日常操作程序及內容

表 6-4-1　營業前的準備工作內容

清潔、整理收銀作業區，包括： · 收銀台、包裝台 · 收銀機 · 收銀櫃台四週的地板、垃圾桶 · 收銀台前頭架 · 購物車、籃放置處	整理、補充必備的物品，包括： · 購物袋(所有尺寸)、包裝紙 · 點鈔油 · 衛生筷子、吸管、湯匙 · 必要的各式記錄本及表單 · 膠帶、膠紙座、釘書機、釘書針 · 乾淨抹布 · 筆、剪刀 · 收銀機紙帶 · 讀卡機收據
補充收銀台前頭架的商品	準備好放在收銀機的備用金，包括： · 各種面值的紙鈔 · 各種面值的硬幣
檢驗收銀機 · 收據紙帶的裝置是否正確，是否已用完需更換 · 開機後各項顯示是否正確	收銀員服裝儀容、儀表檢查，包括： · 制服是否整潔，並合乎規定 · 是否配戴工牌 · 髮型、儀容是否符合規定
7.熟記並確認當日特價品、調價商品的價格以及重要商品所在位置	8.早會禮儀訓練

表 6-4-2 營業中的工作內容

站立招呼顧客	為顧客做結賬服務
為顧客做商品入袋服務	特殊收銀作業處理： · 贈品兌換或贈送 · 現金券或信用卡的使用 · 抽獎券或印花的贈送
無顧客結賬時： · 整理及補充收銀台各項必備物品 · 整理購物車、籃 · 整理及補充收銀台前頭架的商品 · 兌換零錢 · 整理顧客的退貨 · 擦拭收銀台，整理環境	留意店內情況，協助做好防盜工作
收大數	保持收銀台及週圍環境的清潔
協助、培訓新員工及兼職員工	回答顧客詢問
11.收銀員交班結算	

表 6-4-3　收銀入機結算作業程序

步驟	收銀標準用語	配合動作
歡迎顧客	・歡迎光臨 ・早上好 ・您好	・站立準備為顧客服務 ・面帶笑容，與顧客目光接觸 ・協助顧客一起將購物籃或購物車上的商品放置在收銀台上 ・將收銀機的活動熒幕面向顧客
結算商品總金額，告知顧客	・總共××元	・一邊掃描商品入機，一邊裝袋 ・檢查購物車底部是否還留有未入機商品 ・按暫計鍵顯示商品總價
收取顧客支付的現金	・收您××元	・確認顧客支付的金額，並檢查是否有偽鈔 ・把現金擺放好 ・若顧客未付賬，應禮貌性地重覆一次，不可表現不耐煩的態度
找錢於顧客	・找您××元	・找出正確零錢 ・將大鈔放下面，零錢放上面，雙手將現金連同收銀機收據交給顧客 ・待顧客沒有疑問時，把收銀機的抽屜關閉好
商品入袋		・根據入袋原則，將商品依序放入購物袋內
送客	・謝謝 ・歡迎再來	・一手提著包裝袋交給顧客，另一手托著包裝袋的底部；確定在顧客拿穩後才可將手放開 ・確定顧客沒有遺忘物品 ・面帶笑容，目送顧客離開

5 門店顧客服務手冊

一、目的及使用範圍

1.目的

2.使用範圍

二、門店顧客服務要求

1. 做好門店的清潔衛生以及促銷佈置的整齊美觀。

2. 做好門店的商品分類陳列及關聯陳列，設立明確的商品指示牌，以方便顧客尋找所需商品。

3. 做好門店的導購工作。

4. 員工要有良好的禮節、形象以及服務用語。

5. 處理好顧客的投訴。

6. 具有嫻熟的操作技能。

三、門店的導購工作

1. 要求員工掌握商品有關知識，以便向顧客進行商品說明。

2. 通過對商品的展示、整理、更換等身體語言動作，吸引顧客注意、關注商品。

3. 確立賣場人流進入的高峰期，配合理貨、收銀、防損，安排員工在顧客易於尋找的位置，給予顧客導購指導服務。

4. 保持微笑及正確的站立姿勢，留心顧客目光、動作和詢問，使用禮貌語言及時提供幫助。

5. 依據顧客需要，觀察顧客喜好，推薦和說明商品，促進交易。

6. 顧客詢問商品擺放位置時，應直接帶顧客找到該商品。

7. 如顧客需要的商品暫時缺貨或沒有出售，應儘量介紹其他替代品。

四、員工服務禮儀規範

1. 員工待客禮節

2. 員工形象及服務用語

⑴員工儀容形象

⑵服務用語

五、顧客投訴的處理

1. 顧客投訴的類型

顧客投訴三大類型：

⑴安全投訴

安全投訴 ┫ 意外事件發生：安全管理不當造成顧客意外傷害

環境影響：垃圾物、卸貨、上貨影響通道、擴音器音量過大

⑵服務投訴

服務投訴 ┫ 服務作業不當：服務台寄存物丟失或調換、贈品、促銷作業不公平、投訴未答覆

服務項目不足：未提供送貨上門、換錢、提貨、取消原有服務項目

收銀作業不當：多收款、少找錢、包裝不當、遺漏、結賬排隊時間過長

⑶商品投訴

商品投訴
- 標識：無中文標籤、無進口標籤、價格標籤、生產日期、有效日期模糊或無標識
- 品質：變質壞貨、過期壞貨、配件不齊、瑕疵
- 缺貨：特價品、暢銷品、顧客欲購商品
- 價格：定價高或與宣傳單價格不符

2.處理顧客投訴的權責

3.處理顧客投訴的態度

4.投訴處理原則

⑴保持心情平靜

⑵有效傾聽

⑶運用同情心

⑷表示道歉

⑸提供解決方案

⑹執行解決方案

⑺結果檢討

5.顧客向門店直接投訴的處理程序

⑴顧客直接投訴的處理要點

⑵顧客直接投訴的處理步驟（如圖 6-5-1）

⑶激起顧客憤怒時的處理

在事件的處理過程中，引起顧客的憤怒，可以考慮如下的對應方法：

①其他人代為處理；

②處理場所的變換；

③處理時間的配合。

圖 6-5-1　顧客直接投訴的處理步驟

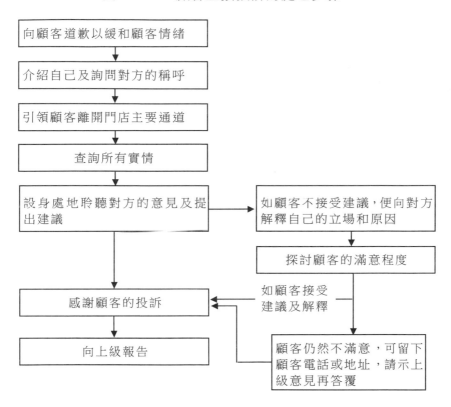

(2)對策

2.偷竊店內的其他收入

(1)現象

(2)對策

3.內部員工出場夾帶商品

(1)現象

(2)對策

4.偷竊非賣品

(1)現象

(2)對策

5.將高價商品混入低價包裝

(1)現象

(2)對策

6.內外勾結，商品不入機

(1)現象

(2)對策

7.折價商品損耗

(1)現象

(2)對策

四、管理不善造成的損失現象和對策

1.商品過期

(1)現象

(2)對策

2.非正常壞貨

(1)形成原因

(2)對策

3. 供應商欺詐

(1)現象

(2)對策

五、突發事件的處理

1. 顧客偷竊

(1)現象

(2)對策

2. 顧客損壞商品

(1)現象

(2)對策

3. 與顧客之間的糾紛

(1)現象

(2)對策

4. 偷竊事件的處理

(1)對有懷疑的但沒有把握的處理；

(2)非常確定有門店商品在身上或在攜帶的物件裏的處理；

(3)對發現偷竊而沒有抓住偷竊者的處理。

六、門店防損工作日查表

分店：　　　　　　　　　　門店店長：
日期：　　　　　　　　　　區域經理：

時段	項　　　目	週一	週二	週三	週四	週五	週六	週日
開市前至市開後30分鐘	1.開門之前，查看超市週邊的窗戶、通風口等防盜網及玻璃、前後門、消防門的上鎖情況，是否有被撬或鬆脫的痕迹							
	2.開門後撤防，有否記錄報警系統的反應狀況，及報警中心有否來電詢問狀況							
	3.全面查看場內各部位有無被盜的痕迹							
	4.有關安全、防火措施的檢查，消防栓、滅火筒的壓力狀況，消防通道是否暢通，消防門營業時間不得上鎖等							
	5.檢查冷櫃、冷氣機運作是否正常及保養記錄情況							
	6.檢查檔口、專櫃是否有安全隱患							
	7.檢查超市內的電器線路及電器的使用是否正常							
	8.是否進行早會，與主管溝通今天的工作內容							
	9.巡視全場，嚴密觀察，監控可疑的人員							

續表

開始 營業	10. 對非顧客購物而進出超市的 各種商品、物料、垃圾、雜物等 有否進行查驗							
	11. 有無協助主管管理促銷員、 檔口員工及其他外來人員在場 內的工作紀律							
	12. 是否有偷盜發生，若有請填 寫相關表格							
	13. 是否有對收銀台進行安全監 控							
	14. 是否有浪費的現象出現							
	15. 有否對超市的高值商品進行 登記、抽查、盤點							
	16. 場內是否有明火出現							
	17. 午餐交待替班人員有關工 作，做好全場的安全監控							
	18. 有否檢查檔口、專櫃的衛生 及商品質量狀況							
	19. 有否因個人工作失誤造成公 司的損失							
	20. 有否做交接班記錄							
	21. 有否與接班同事進行溝通工 作，交待有關情況							
	22. 有否對超市的贈品或抽獎活 動進行登記、監督							
	23. 有否核對、登記超市之間的 轉貨							
	24. 有否對供應商的退換貨進行 檢查							
	25. 晚餐交待替班人員有關工 作，做好全場的安全監控							

續表

開始營業	26.巡場狀況是否正常，有無突發事件發生						
	27.監控電視作用狀況						
	28.各專櫃下班後有無清潔衛生						
	29.各專櫃下班後有否關閉水、電						
	30.有否檢查檔口、專櫃、促銷等員工下班離場時的包袋						
	31.有無做工作日誌						
營業結束後	32.是否仍有顧客逗留場內						
	33.冷氣是否關閉						
	34.全場燈光和招牌燈是否關閉						
	35.各道門鎖有無當值主管檢查						
	36.是否有員工滯留場內						
	37.門窗是否拉下，是否關閉了窗玻璃						
	38.報警系統是否正常						
	39.關門後在店鋪外再觀察五分鐘後方可離去						

說明： 1. 當班的防損必須認真負責，按時逐項完成工作；

2. 發生的各類事故，事後要有詳細記錄，重大事故必須及時上報有關部門；

3. 防損部將不定期進行檢查。

7　開店管理手冊

　　《開店管理手冊》應包括市場調研、商圈調查、單店選址、店面裝修、人員聘用、開店準備、開業典禮等工作流程。

1. 店址的選擇

　　店址選擇的成功與否，往往會起到 80%的因素。由於行業的不同，店址選擇的標準也存在著很多差異，絕大多數的門店店址選擇，應該考慮以下幾個問題。

　　(1)門店租金確定。各店租金的承受範圍各不相同，應著重考慮投資回報週期的問題，因過高的租金會給經營者帶來很大的經營壓力。

　　(2)商業圈的調查。從幾個方面進行調查：門店輻射範圍之內的住戶和流動人口的消費能力、商業圈內競爭對手的情況、商業圈內未來的發展規劃。對門店所輻射範圍的各種情況進行掌握非常必要，對於判斷一個店址是否選擇正確有保證的作用。

　　(3)商業圈的評估。這是在調查掌握該地區能夠開設門店的前提下，對具體門店店址的判斷，主要從人員行走流動習慣，車輛流動性，門店視覺效果，車輛停靠的方便性等幾個方面來確定待選店址的可行性。

　　(4)店址的選定。通過商圈範圍的劃定和客流的分析，確定店址的位置和開店的形式，是店中店還是獨立專營店，在徵詢特許人意見後，進行店面的租賃和契約的簽署。

2.總部統一商店設計

在店址確定之後，把門店的內外進行拍攝，把拍攝的相片送到特許總部（距離遠的可通過網路方式傳送到特許總部），特許總部按照統一的企業識別系統要求對門店進行設計，設計效果圖經過特許方認可之後送交專門的裝修公司進入門店的裝修階段，在裝修過程中，特許總部要選派專業人員進行監督，嚴格按照效果圖進行統一的裝修，以保證特許經營企業的品牌形象。

3.商店的功能設計

在店面裝修時，從裝修準備到裝修流程和店內設施，都應按特許總部的規劃去做。此外，特許總部要對門店內部進行統一的功能設計，從裝修風格到所用材料，從店內氣氛到店面外觀，特許總部一般都會進行嚴格的要求。

4.產品結構設計和價格設計

根據商圈的不同，以及當地風土人情和消費習慣的不同，特許總部幫助加盟商設計適當的產品結構，即設計出一套最適合當地商圈消費群體的產品結構，並且根據自身企業的特點以及周圍商圈競爭對手的情況進行商品的價格設計，在價格設計中必須考慮到大家都熟悉的敏感商品價格絕對不能高這個原則，特別是在開業階段必須設定一些敏感商品的超值回報，以此來增強與消費者之間的感情交流，達到培養忠誠消費者的目的。

5.加盟商及所聘員工的培訓

對於特許加盟企業而言，對加盟商的培訓就成了複製最關鍵的環節。讓加盟商充分瞭解特許總部，並且嚴格按照特許總部的要求來運作。很多特許總部往往花費很大的人力、財力進行加盟商的培訓，特別是一些餐飲企業，對於加盟商的培訓往往會持續很長的時

間，現在很多餐飲企業為了保持產品的品質，還從特許總部選派了專業的廚師到加盟店進行實際的操作，這對於門店品質的把握起到了關鍵性作用。經過對加盟商和其所聘請人員培訓考核合格之後，才能運作一個加盟門店。

6.相關證照的辦理與開業

特許總部應該提供相應的資料，協助加盟商辦理相關證照，使加盟商能夠把更多的精力用在研究門店的運作上，只有這樣才能提高門店品質，獲得更大的成功。同時，開業前的物品籌備和開業的具體儀式及注意事項等都要積極準備和解決。

7.總部的驗收

對特許加盟企業，如何保證「千店如一店」，是一個關係到整個特許品牌是否能延伸的重大問題，很多特許企業都有一整套管理方式來維持整個體系的統一化和標準化，其中加盟門店開業之前的嚴格驗收就是一個非常關鍵的環節。特許總部會派選專業人士從店面形象到內部功能設計都按照特許總部效果進行嚴格驗收，不合格必須改正，否則絕對不允許營業。有很多餐飲企業還進行餐飲出品的嚴格驗收，只有全面符合了特許總部的標準之後，才能正式開張營業。

8 督導操作手冊

在特許加盟體系中，對加盟商管理的核心就是要對整個特許加盟體系進行有效控制與支持。以加盟商為中心的特許加盟體系裏，對加盟商的支持與控制是特許總部最重要的任務。整個管理機能需要特許總部的職能部門與其他各部門密切配合，針對加盟商所開展的營運活動予以監測、檢查和調整，並通過綜合分析實現有效控制，最終通過督導員實施培訓、指導和監督，以達到整個體系都高效平穩運轉的管理目標。

1.培訓督導的內容要求

對特許加盟企業而言，培訓是最好的投資。對員工而言，培訓是最大的福利。培訓對於特許加盟體系來說，不是單向的傳播理念和知識，而是一種互動的溝通。培訓者和被培訓者在培訓過程中互相學習和啟發，從而達到團隊共同提升的境界。發現問題，解決問題；加盟商與特許總部之間的溝通；幫助、指導加盟商和門店提升和改進營業；對加盟商經營行為進行有效監督是培訓督導工作的主要內容。在督導培訓中，督導員的職業素質非常重要，要求他們必須具有特許經營方面的基本知識和基本管理才能，只有這樣才能真正起到督導的作用。

2.培訓督導的工作流程

督導與培訓工作具有非常重要的意義，整個督導任務主要是通過制定工作計畫，設定標準，執行監督，對加盟商的諮詢和資訊收

集，對存在的問題進行分析、培訓、指導、解決來完成的。

(1)督導計畫的擬定。

①督導培訓計畫：應從商品管理、店面形象管理、行銷管理、管道和地域管理、消費者服務管理、財務資信管理、特許加盟合約執行管理、資訊情報管理八個方面考慮。

②需要達到的目標：設定核檢表，並根據核檢內容確定培訓計畫和課程。核檢標準為：A 級——合計 41 分以上為良好；B 級——合計 30～40 分應檢討；c 級——合計 30 分以下應改善。

特許加盟拓展部主管根據業務拓展需要，提出潛在加盟商培訓需求；其次，特許加盟營運部主管根據業務需要，提出的店鋪及加盟商培訓需求；最後，營運部培訓主管匯總各部門提出的店鋪和加盟商培訓需求，結合公司實際培訓需求進行分析並得出結論。

③實現目標的時間和步驟。營運部下達培訓任務→事前培訓需求調查→到門店訪談→與店長溝通→現場經營情況調查→問題匯總→同店長確認培訓內容和培訓方法→人員培訓→現場糾正→解決問題。

(2)培訓督導管理制度。

①對於各個具體的加盟商公司做出相應的核檢標準。

②每隔一段時間測評一次，測評結果記錄備案，觀察其進步或退步情況。

③對成功的經驗進行總結歸納，對不足之處加以分析進而提出改進方案，根據改進方案，制定培訓計畫，督導改進。

3.培訓督導工作的相關表格

培訓督導工作的相關表格主要包括商品管理督導、店面形象管理、銷售管理、顧客服務管理、櫃檯營業員服務規範核查重點、收

款員服務規範核查重點及各部門工作人員服務規範核查重點等表格。

商品管理督導分為以下兩個方面。

⑴對賣場商品構成指導：根據特許總部的具體規劃實施賣場商品陳列，主力商品、輔助商品、刺激性商品（銷售性商品、觀賞性商品、誘導性商品）隨市場情況而不斷變化，需要隨時調整搭配方法。

⑵商品陳列量的配置：合理利用空間、色彩，商品種類多，銷量會隨之增加。

圖 6-8-1　門店輔導流程

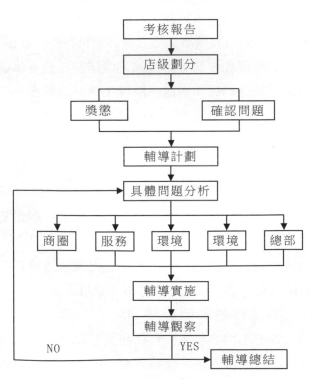

圖 6-8-2　例行督導工作流程圖

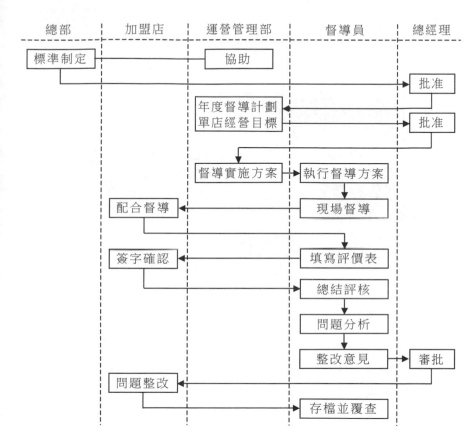

| 總部 | 加盟店 | 運營管理部 | 督導員 | 總經理 |

9 門店財務管理手冊

一、目的及使用範圍

1. 目的

2. 使用範圍

二、門店存貨管理

1. 收貨管理

⑴倉貨（G 貨）

⑵街貨（P 貨）

⑶自購貨（S 貨）

2. 調撥管理

三、門店銷售管理

1. 門店零售

2. 門店批發

3. 門店售購物卡（券）

四、門店資金管理

門店資金管理的重點為營業額、備用金兩個部份。

1. 營業額

⑴營業額的實現

⑵營業額的上交

⑶營業額的核對及審查

2. 備用金

五、門店資產管理

1. 固定資產

⑴固定資產分類

⑵固定資產卡片

⑶固定資產購置

⑷固定資產使用及保管

⑸固定資產轉移及處置

2. 低值易耗品

⑴低值易耗品分類

⑵低值易耗品的購置、領用及保管

3. 裝修裝潢

表 6-9-1　資產購置申請單

日期：　　年　　月　　日

資產名稱		用途	
使用部門		品牌等級型號	
價位幅度			
使用部門購置理由：			
資產管理部門意見：			
主管副總(助總)意見：		財務總監意見(超過 5 萬元)：	
總經理審批意見：			

表 6-9-2　資產管理卡片

資產類別：固定資產（　）　耐用低值易耗品（　）　卡片編號：

1.購置記錄：購置時由經辦人員及驗收部門將本項填寫齊全，連同書面批准文件及發票原件等交到財務部門。

名稱					
品牌及規格		型號		數量單位	
供貨單位名稱					
供貨單位地址		電話		聯繫人	
購置經辦人		資產存放地點			
驗收日期		驗收完好正楷簽名確認		使用部門（人員）簽收	
附屬設備					

2.購置記錄：本項內容由財務部門資產核算人員填寫。

購置金額			原值		累計折舊	
投入使用日期		耐用年限期		殘值率		
分類		資產編號		會計科目		記賬憑證編號

3.轉移記錄：以下內容在資產轉移時由轉入部門填蓋齊全，由轉出部門將卡片交給財務部門資產核算人員登記。

轉移日期	轉入部門簽章	經手人簽收	備註

4.處理審批

處理原因及部門意見			
預計處理價格		預計處理費用	
分管意見		財務總監意見	
總經理意見			

5.處理記錄：資產處理部門將本卡片與處理收入費用等款項單據交財務部出納人員。

處理日期		處理方式		已提折舊額	
實際處埋價格		實際處理費用		實際處理淨收入	
賬面處理損益		記賬憑證編號			

六、門店盤點管理

1.盤點區域劃分

2.門店盤點準備工作

⑴整理商品，清理單據，及時上交；

⑵整理賣場；

⑶張貼盤點告示；

⑷暫停收貨；

⑸特殊注意事項。

3.盤點及現場覆核

4.盤點後賣場整理工作

5.盤點差異分析

表 6-9-3　門店盤點安排表

盤點門店：　　　　盤點日期：　　　　開始時間：　　　　結束時間：

分區	主要商品	盤點機號碼	盤點		覆核		手抄盤點表頁碼
			點數人	錄入人	點數人	核對人	
1							
2							
3							
4							

門店店長：　　　　　　　　　　盤點小組組長：

七、門店財務基礎知識

1. 識別鈔幣

2. 發票管理

⑴發票的基礎知識；

⑵發票的使用；

⑶發票的換領；

⑷增值稅發票。

3. 接收支票

⑴支票；

⑵接收支票前的檢查；

⑶支票的兌付；

⑷支票的填寫方式。

4. 銀行現金繳款單

10 門店安全管理手冊

一、目的及使用範圍

1. 目的

2. 使用範圍

二、日常管理

1. 防火安全管理

2. 用電安全管理

3. 工作安全管理

4. 防水、防風、防破壞管理

5. 防盜管理

⑴貨物出入門店規定；

⑵貨幣現金管理規定；

⑶持匙及開關鋪門；

⑷其他規定。

6. 安全檢查表及其使用

7. 安全隱患及處理程序

三、一般突發事件的處理

一般突發事件的處理辦法：

1. 政府機關檢查；

2. 盜竊；

3. 顧客損毀商品；

4. 騙取現金商品；

5. 輕微意外傷害；

6. 資訊外洩；

7. 顧客取鬧；

8. 顧客糾紛；

9. 顧客投訴。

四、嚴重突發事件的處理

1. 應變小組的編寫及許可權

2. 火災

⑴預防措施；

⑵現場處理；

⑶善後工作。

3. 搶劫

⑴預防措施；

⑵現場處理；

⑶善後工作。

4. 停電

⑴預防措施；

⑵處理辦法；

⑶善後處理辦法。

5. 嚴重意外傷害

6. 颱風

⑴預防措施；

⑵現場處理；

⑶善後處理辦法。

7. 水災

⑴預防措施；

⑵現場處理；

⑶善後處理辦法。

8. 電話恐嚇處理辦法

9. 發現懷疑爆炸物處理辦法

10. 夜間盜竊

⑴預防措施；

⑵處理辦法；

⑶善後措施。

五、相關文檔

（略）

六、相關記錄

表 6-10-1　安全檢查表

店鋪名稱：　　　　　　　　　檢查日期：　　年　　月　　日

檢查項目		檢查結果及整改情況	備註
緊急出口	1. 所有緊急出口是否暢通？		
	2. 緊急出口是否上鎖？遇緊急狀況可否立即打開？		
	3. 緊急出口燈是否明亮？		
	4. 警報器是否性能良好？		
	5. 緊急照明燈插頭是否插入電源？性能是否良好？		
滅火器	6. 數量是否符合要求？		
	7. 滅火器是否到位？		
	8. 滅火器指示牌是否掛好？		
	9. 外表是否乾淨？		

	10.滅火器性能是否良好？		
	11.滅火器有無過期？		
消防栓	12.是否容易接近？		
	13.有無被擋住？		
	14.水源開關是否良好？		
	15.是否可立即操作？		
急救箱	16.有無放置急救箱？		箱內必備藥物：止血貼、紗布、膠布、剪刀、棉簽、碘酒、紅花油、風油精等
	17.箱內的藥物是否齊全？		
電器設備檢查	18.機房是否通風良好？有無堆放雜物？		
	19.電器插座是否牢固？有無損壞？		
	20.電線是否依規定設置？		
	21.電器物品是否性能良好？是否正確操作？		
	22.冷凍庫溫度是否正確?有無雜亂現象？		
消防安全注意事項	23.有無編寫「應變處理小組」？員工是否知道自己的任務？		
	24.是否張貼滅火器材位置圖及防火疏散圖？		
	25.員工是否懂得正確使用滅火器材？		
	26.緊急報案電話是否附在電話機上？		
	27.是否定期舉辦防火演習？		
一般安全	28.電梯是否正常使用?有無定期保養？		
	29.新進員工有無實施安全教育？		
	30.員工是否有安全意識？		
	31.鋁梯及推車有無損壞？		
	32.商品堆放是否符合安全規定？		

	33. 捲閘門操作是否正常？		
	34. 下水道是否淤塞？		
	35. 收貨方法是否符合規定？		
保安	36. 貴重商品管理是否符合規定？		
	37. 運出超市的紙箱、垃圾，管理人員是否檢查？		
	38. 貨幣現金管理是否符合要求？		
	39. 安全設施是否良好？		
	40. 各項記錄本是否如實填寫？		
	41. 辦公室及櫃子是否依規定管理？		
	42. 保險櫃及收銀機抽查是否長短款？		
	43. 商品驗收作業是否符合規定？		
	45. 是否抽查員工儲物櫃及攜帶的手袋？		
	46. 員工及顧客盜竊案是否妥善處理？		
	46. 顧客滋擾案件是否妥善處理？		
	47. 其他有關安全事項的處理是否完善？		

心得欄

- -

- -

- -

- -

- -

- -

表 6-10-2　門店一般事故記錄表

檔案編號：　　　　　　　　　　　　門店名稱：

收表日期：

事故分類：請在□打「√」				
騙取現金商品□　　員工糾紛□　　冷氣機失靈□　　糾黨滋事□　　冷櫃失靈□				
顧客糾紛□　　　　警鐘鳴響□　　輕微傷害□　　　顧客損毀商品□				
偷　　竊□　　　　顧客取鬧□　　資訊外洩□　　　漏水□				
多收/短收款項_____元□　　　　　其他_____				
事發時間：　　　　　　事發地點：　　　　　　在場人員：				
事故原因及過程及處理過程：				
建議：				
填報人姓名：_____　　填報日期：____年___月___日				

說明：如報警則必須即時上報。

本表一式兩份：門店自存一份，送營運部一份

表 6-10-3　歹徒特徵表

店名：		地址：	
填表人：		住址：　　　　　　　電話：	

重要內容	1. **事發時間**	_____年____月____日____時____分
	2. **歹徒人數**	_____人（若超過兩人以上，請個別填寫資料）
	3. **性別**	□男　　　□女
	4. **身高**	□150cm 以下　□150～160cm　□160～170cm □170～180cm　□180～190cm　□190cm 以上
	5. **臉形**	□圓型　□方型　□瘦長　□瓜子臉　□其他
	6. **口音**	□普通話　　　　　　□方言（　）
	7. **身材**	□瘦小　　□矮胖　　□中等　　□瘦長　　□高壯
	8. **搶劫工具**	□刀　　　□槍　　　□棍　　　□其他
人	9. 年齡	□15～20 歲　　□20～30 歲　　□30～40 歲 □40～50 歲　　□50～60 歲　　□60 歲以上
	10. 髮型	□男 □分頭 □子頭 □光頭 □燙髮 □戴帽 □其他 □女 □長髮 □短髮 □其他
	11. 服裝樣式	□西裝　　□休閒裝　　□運動裝　　□套裝　　□洋裝 □夾克　　□背心　　□牛仔裝　　□其他
	12. 服裝顏色	上半身：_____色；下半身：_____色
	13. 鞋子	□拖鞋　　　　□皮鞋　　　　□球鞋 鞋子顏色：　　　　　鞋子品牌：
	14. 面貌特徵	□戴眼鏡　　□戴　　□罩　　□有痣　　□有疤 □鑲牙　　□蓄鬍　□其他
	15. 身體特徵	
事	16. 交談內容	
物	17. 搶劫裝備	□手提袋　　　　□麻袋　　　　□其他
	18. 所駕車輛	□計程車　　□摩托車　　□自行車 □大貨車　　□徒步　　□其他
	19. 逃逸方向	
	20. 損失財物	錢：_____元；　　　首飾：_____
		貨品：
		其他：

表 6-10-4 門店嚴重事故報告書

檔案編號：	收表日期：
門店名稱：	

事故類別(請在□打「√」)

火災 □　　　　搶劫 □　　　　發現懷疑爆炸物 □

颱風 □　　　　停電 □　　　　嚴重意外傷害 □

暴雨 □　　　　電話恐嚇□　　　其他 ＿＿＿＿＿＿＿

事發時間：＿＿＿＿年＿＿月＿＿日＿＿時＿＿分

在場人員：

_____

發生經過及處理方法：

_____

填報人姓名：　　　　　　　　店經理：

填報日期：＿＿＿＿年＿＿＿月＿＿＿日

備註：本報告書一式兩份：一份門店自存，一份送營運部

表 6-10-5 應變處理小組名單

門店名稱：　　　　　　　　　　　　編寫日期：　　年　　月

序號	姓名	小組職務	替補	職責	備註

審核：　　　　　　　　　　　　　　製表：

11 門店設備維護與保養手冊

一、目的及使用範圍

1. 目的

2. 使用範圍

二、名詞定義

1. 設備

2. 預防性保養

3. 維修性保養

4. 兼職設備保養員

5. 區域維護員

三、設備保養規程

1. 預防性保養

2. 維修性保養

⑴設備故障資訊傳遞程序

⑵設備維修費用審批許可權

⑶設備維修費用審批方式

⑷外協維修

圖 6-11-1 　《維修、改造、調架申請單》流程圖

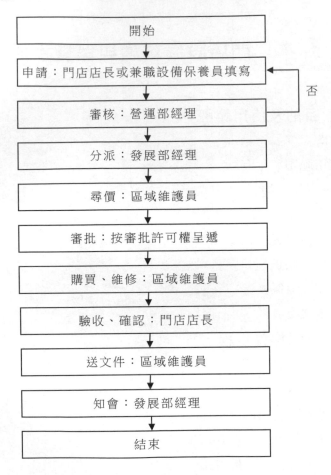

圖 6-11-2　外協維修流程圖

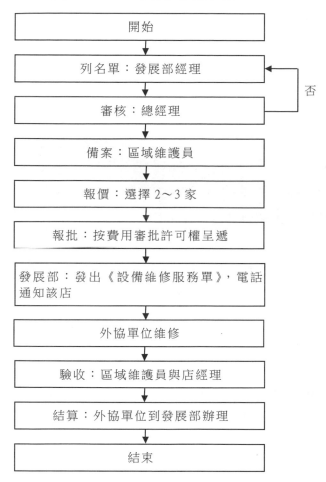

```
        ┌─────────────────────────┐
        │          開始            │
        └─────────────────────────┘
                    ↓
        ┌─────────────────────────┐←──────┐
        │    列名單：發展部經理      │       │
        └─────────────────────────┘       │ 否
                    ↓                      │
        ┌─────────────────────────┐       │
        │      審核：總經理         │───────┘
        └─────────────────────────┘
                    ↓
        ┌─────────────────────────┐
        │    備案：區域維護員        │
        └─────────────────────────┘
                    ↓
        ┌─────────────────────────┐
        │    報價：選擇 2～3 家      │
        └─────────────────────────┘
                    ↓
        ┌─────────────────────────┐
        │  報批：按費用審批許可權呈遞 │
        └─────────────────────────┘
                    ↓
        ┌─────────────────────────┐
        │ 發展部：發出《設備維修服務單》，電話│
        │ 通知該店                  │
        └─────────────────────────┘
                    ↓
        ┌─────────────────────────┐
        │      外協單位維修         │
        └─────────────────────────┘
                    ↓
        ┌─────────────────────────┐
        │  驗收：區域維護員與店經理   │
        └─────────────────────────┘
                    ↓
        ┌─────────────────────────┐
        │  結算：外協單位到發展部辦理 │
        └─────────────────────────┘
                    ↓
        ┌─────────────────────────┐
        │          結束            │
        └─────────────────────────┘
```

四、設備操作人員一般保養和維護須知

（略）

五、常用設備的保養

1. 照明燈具及電源開關

2. 製冷設備

3. 冷氣機

4. POS 系統

5. 消防器材

6. 電子秤

・日常維護

・日常注意事項

7. 萬用錶

・萬用錶的安裝

・利用萬用錶測燈泡、日光管

8. 應急燈

9. 簡易載貨電梯

10. 音響

11. 熱水器

12. 微波爐

・操作安全須知

・清潔保養

六、相關記錄

表 6-11-1 兼職保養員作業考評表

姓名		門店名稱		考評月份	
考評情況	□優 嚴格履行職責,恪守操作規程,設備無故障				
	□良 嚴格履行職責,恪守操作規程,設備偶有小故障				
	□中 能履行職責,基本遵守操作規程,設備偶有小故障				
	□可 能履行職責,基本遵守操作規程,出現大故障或小故障頻繁				
	□差 不履行職責,不遵守操作規程,造成故障不斷				
區域維護員評語: 簽名:					
門店店長		工程主任		發展部經理	
備註:1. 此表由區域維護員主評,以此作為發放補貼的依據; 　　　2. 此表每月填寫一次,月底上交,「中」級以上可以發放補貼。					

表 6-11-2　維修、改造、調架申請單

門店名稱：　　　　　　　門店店長：　　　　　　日期：

事項：調架□　　　　　　改造□　　　　　　設備維修□

內容：（如有需要，請附簡圖）	
營運部意見	
發展部意見	區域經理（督導）：　　　　部門經理：
總經理室意見	簽名：
執行完成日期： 門店店長：	

表 6-11-3 外協設備服務單

服務檢修日期： 年 月 日 編號：

門店名稱		電話			經理	
店址						
維修單位					負責人	
設備名稱					□合約保養	
規格型號					□零星維修	

服務內容						
材料零件名稱	規格	檢修	更換	單價	數量	金額

備註	

金額： 拾 萬 仟 佰 拾 元

門店驗收	蓋店章： 簽名：	維修單位簽單	蓋公司章： 簽名：

備註：1. 本單一式二份，由發展部簽發，維修單位持單到門店維修，維修單由
門店或區域設備維護員驗收。

2. 結算時以此單交發展部，一份作為付款副件，另一份發展部留存。

表 6-11-4 設備一級保養卡 （每天項目之一）

月份： 編號： 項目：報警系統/監控系統/煙感系統/應急燈/滅蚊燈/紫外線燈/廣告燈箱/日光燈

日期	1	2	3	4	5	6	7	8	9	10	11	12	13	14	15
保養															
檢查															

保養人： 檢查人：

說明：1.每個保養項目每月一張保養卡，分開填寫。

2.「保養」欄及「檢查」欄完成後打「√」。

表 6-11-5 設備一級保養卡 （每天項目之二）

月份： 編號： 項目：門/鎖/條碼秤/打卡鐘/水電錶

日期	1	2	3	4	5	6	7	8	9	10	11	12	13	14	15
保養															
檢查															

保養人： 檢查人：

說明：1.每個保養項目每月一張保養卡，分開填寫。

2.「保養」欄及「檢查」欄完成後打「√」。

表 6-11-6 設備一級保養卡 （週期 7 天項目）

項目： 編號： 項目：冷氣機主機/過濾網情況

日期	1	2	3	4	5	6	7	8	9	10	11	12	13	14	15
保養															
檢查															

保養人： 檢查人：

說明：1.每個保養項目每月一張保養卡，分開填寫。

表 6-11-7　設備一級保養卡　（週期 15 天項目）

項目：　　　編號：　　　　項目：冷櫃主機外殼/清洗冷櫃/冷卻水塔布水器
及電視

日期	1	2	3	4	5	6	7	8	9	10	11	12	13	14	15
保養															
檢查															

保養人：　　　　　　　　　　　　　　　檢查人：

說明：1. 每個保養項目每月一張保養卡，分開填寫。

　　　2.「保養」欄及「檢查」欄完成後打「√」。

表 6-11-8　設備一級保養卡　（週期 30 天項目）

編號：　　　　　　　　　項目：冷氣機/冷櫃/冷庫/噴淋系統

日期	1	2	3	4	5	6	7	8	9	10	11	12	13	14	15
保養															
檢查															

保養人：　　　　　　　　　　　　　　　檢查人：

說明：1. 每個保養項目每月一張保養卡，分開填寫。

　　　2.「保養」欄及「檢查」欄完成後打「√」

12 （案例）便利店特許經營招募手冊

(一)經營模式(加盟店)

1.公司與加盟者簽訂一份合約，授權加盟者在約定區域內使用「××」商標、商號、經營管理技術等，由加盟店投資按公司有關規章制度進行統一規範管理，共用公司相關資源，並向總部繳納一定費用。

2.凡加盟店均須嚴格遵照本公司的六個統一，接受公司的管理模式：

(1)統一裝修：為統一門店整體形象，由公司對店鋪進行專業的統一裝修設計及由公司指定專業的裝修公司負責裝修；

(2)統一供貨：為保證商品品質及成本考慮，由公司或公司指定的供應商為門店統一配貨，未經許可，不得私自進貨，違者罰款，情節嚴重者取消加盟資格；

(3)統一管理：為規範門店管理、保證門店正常運作，公司管理人員據公司的各項規章制度對門店進行統一管理、督查和指導；

(4)統一培訓：公司對門店的從業人員進行統一的崗前培訓、在崗培訓以及相關的管理、行銷、服務的技巧培訓；

(5)統一促銷：每逢節慶或重大節日、開業慶典，由公司統一策劃行銷方案，提高門店影響力和提升門店銷售業績，共同享受廠家的讓利促銷，共同承擔相關費用；

(6)統一系統：為規範管理、降低損耗，對門店人員及商品實行

信息化、數字化管理，門店統一使用 POS 系統對商品的毛利、成本、暢滯銷商品進行數據分析和管理。

(二)市場定位

服務對象：廠區員工、社區居民、青少年；

選址範圍：居民區、工業區、學校、醫院、住宅社區、商業旺區；

店鋪面積：30～120 平方米；

經營品種：精選 2000～3000 種日常生活必需的食品、副食品、日用百貨等。

(三)門店裝修

公司提供門店裝修設計及裝修標準，並由公司指定的裝修公司按相關要求和標準裝修，裝修費用由門店自行承擔；公司負責工程品質監管及工程完工驗收，並收取相關費用。

(四)設備配置

店鋪必須配置的設備有：收銀台、組合櫃、音響、立式冰櫃、臥式冰櫃、麵包架、報紙架、廣告架等。購置設備的所有費用由加盟者負責，但有些設備總部可爭取供應商提供支援（如雪櫃）。根據需要，店鋪可增加部份設備，如散裝櫃、爆穀機、微波爐、熱狗機、電飯煲、飲料機等。

(五)證照辦理

公司為加盟者提供一份允許加盟者使用中英文商標的授權書；門店營業執照及相關證件[衛生許可證、稅務登記證、煙草專賣證等]由加盟者自行辦理，總部會提供辦證指導。

(六)商品配送及結算

店鋪經營的商品統一由公司指定供應商，指定商品目錄和供貨

價格，由第三方物流直接將商品配送至門店；新門店第一批貨款、設備購置費，在正式簽約前由總部一次性代收，多退少補。

(七)相關費用

相關費用情況見下表。

		便利店投資基本項目明細	
項目名稱	50平方米標準店投資費用預算	項目所含明細簡介	備註
加盟費	5000元	品牌加盟使用費，3年合約。	
履約保證金	10000元	品牌加盟履約保證金，3年合約，合約到期後無息退還。	合約期滿，可退還給門店
POS聯網收銀系統	15800元	含3G無線視頻監控系統、攝像頭1個，送價值1000元上好店主卡。	
電子產品	免費安裝	可安裝拉卡拉，提供門店充值、支付寶充值條碼。	可選項目
LED聯網廣告屏設備押金	1830元	規格：長2米×高0.24米，顯示內容統一由公司修改。	可退押金
市場開業開辦費	1500元	鋪位商圈市場調查、新店開業報貨、配送物料、陳列擺貨上貨架、開業當天專人做促銷、開業宣傳單派發、發展部專人做門店推介等相關事宜。	
商品品質保證金	20000元	加盟商在使用特許經營權的過程中為了履行商品品質或服務品質的保證義務而向特許人支付的保證金，合約到期後，若無違約行為，無息退還給門店。	合約期滿，可退還給門店

續表

開業商品配送款	20000元	此項目為首批開業貨款預算款中多於貨款部份，按開業時實際送貨到門店數量為準結算，多退少補。若門店在規定時間內未交齊貨款，則延期開業，所有因此產生的問題由門店自行承擔。	具體見送貨清單，以實際金額為準
開業商品貸款 2萬元	公司貸款	新店可從公司貸款2萬元作為首批鋪貨，貸款期間內必須把每天營業額匯入公司帳號，分期付款還清貸款，按銀行利息結算。	
貨架	9000元	此為預算款，按實際送貨單數量為準結算，多退少補。	具體見送貨清單，以實際金額為準
門店財產意外損失保險費	300元	門店財產意外受損時，經保險公司鑑定屬實後會獲得保險公司最高10萬元賠償，通常本月申請下月生效。	
年度培訓資料費	600元	年度培訓的資料費用。	
工程裝修費	26000元	所有便利店系統的裝修項目，包括木工、電工、泥水、玻璃、雜項、燈箱招牌、玻璃腰線、廣告等，包工包料。	具體見預算清單，以實際金額為準
電子產品	免費安裝	可安裝拉卡拉，提供門店充值、支付寶充值條碼。	可選項目
設備及開業物料	13500元	包括三門進口大冷櫃、開業廣告宣傳品、上好必配開業物料、膠袋、打價機等開業必配項目。	具體見預算清單，以實際金額為準
費用合計	123530元	品牌使用費500元/月。	

臺灣的核心競爭力，就在這裏！

圖書出版目錄

下列圖書是由臺灣的憲業企管顧問（集團）公司所出版，自1993 年秉持專業立場，特別注重實務應用，50 餘位顧問師為企業界提供最專業的經營管理類圖書。

選購企管書，敬請認明品牌 ： 憲 業 企 管 公 司 。

1. 傳播書香社會，直接向本出版社購買，一律 9 折優惠，郵遞費用由本公司負擔。服務電話 (02) 27622241　(03) 9310960　　傳真 (03) 9310961

2. 付款方式：請將書款轉帳到我公司下列的銀行帳戶。

 ・銀行名稱：合作金庫銀行（敦南分行）　帳號：5034-717-347447
 　公司名稱：憲業企管顧問有限公司

 ・郵局劃撥號碼：18410591　　郵局劃撥戶名：憲業企管顧問公司

3. 圖書出版資料每週隨時更新，請見網站 www.bookstore99.com

經營顧問叢書

25	王永慶的經營管理	360 元		129	邁克爾・波特的戰略智慧	360 元
47	營業部門推銷技巧	390 元		130	如何制定企業經營戰略	360 元
52	堅持一定成功	360 元		135	成敗關鍵的談判技巧	360 元
56	對準目標	360 元		137	生產部門、行銷部門績效考核手冊	360 元
60	寶潔品牌操作手冊	360 元				
72	傳銷致富	360 元		139	行銷機能診斷	360 元
78	財務經理手冊	360 元		140	企業如何節流	360 元
79	財務診斷技巧	360 元		141	責任	360 元
86	企劃管理制度化	360 元		142	企業接棒人	360 元
91	汽車販賣技巧大公開	360 元		144	企業的外包操作管理	360 元
97	企業收款管理	360 元		146	主管階層績效考核手冊	360 元
100	幹部決定執行力	360 元		147	六步打造績效考核體系	360 元
122	熱愛工作	360 元		148	六步打造培訓體系	360 元
125	部門經營計劃工作	360 元		149	展覽會行銷技巧	360 元

150	企業流程管理技巧	360 元
152	向西點軍校學管理	360 元
154	領導你的成功團隊	360 元
155	頂尖傳銷術	360 元
160	各部門編制預算工作	360 元
163	只為成功找方法，不為失敗找藉口	360 元
167	網路商店管理手冊	360 元
168	生氣不如爭氣	360 元
170	模仿就能成功	350 元
176	每天進步一點點	350 元
181	速度是贏利關鍵	360 元
183	如何識別人才	360 元
184	找方法解決問題	360 元
185	不景氣時期，如何降低成本	360 元
186	營業管理疑難雜症與對策	360 元
187	廠商掌握零售賣場的竅門	360 元
188	推銷之神傳世技巧	360 元
189	企業經營案例解析	360 元
191	豐田汽車管理模式	360 元
192	企業執行力（技巧篇）	360 元
193	領導魅力	360 元
198	銷售說服技巧	360 元
199	促銷工具疑難雜症與對策	360 元
200	如何推動目標管理（第三版）	390 元
201	網路行銷技巧	360 元
204	客戶服務部工作流程	360 元
206	如何鞏固客戶（增訂二版）	360 元
208	經濟大崩潰	360 元
215	行銷計劃書的撰寫與執行	360 元
216	內部控制實務與案例	360 元
217	透視財務分析內幕	360 元
219	總經理如何管理公司	360 元
222	確保新產品銷售成功	360 元
223	品牌成功關鍵步驟	360 元
224	客戶服務部門績效量化指標	360 元
226	商業網站成功密碼	360 元
228	經營分析	360 元
229	產品經理手冊	360 元
230	診斷改善你的企業	360 元

232	電子郵件成功技巧	360 元
234	銷售通路管理實務〈增訂二版〉	360 元
235	求職面試一定成功	360 元
236	客戶管理操作實務〈增訂二版〉	360 元
237	總經理如何領導成功團隊	360 元
238	總經理如何熟悉財務控制	360 元
239	總經理如何靈活調動資金	360 元
240	有趣的生活經濟學	360 元
241	業務員經營轄區市場（增訂二版）	360 元
242	搜索引擎行銷	360 元
243	如何推動利潤中心制度（增訂二版）	360 元
244	經營智慧	360 元
245	企業危機應對實戰技巧	360 元
246	行銷總監工作指引	360 元
247	行銷總監實戰案例	360 元
248	企業戰略執行手冊	360 元
249	大客戶搖錢樹	360 元
250	企業經營計劃〈增訂二版〉	360 元
252	營業管理實務（增訂二版）	360 元
253	銷售部門績效考核量化指標	360 元
254	員工招聘操作手冊	360 元
256	有效溝通技巧	360 元
257	會議手冊	360 元
258	如何處理員工離職問題	360 元
259	提高工作效率	360 元
261	員工招聘性向測試方法	360 元
262	解決問題	360 元
263	微利時代制勝法寶	360 元
264	如何拿到 VC（風險投資）的錢	360 元
267	促銷管理實務〈增訂五版〉	360 元
268	顧客情報管理技巧	360 元
269	如何改善企業組織績效〈增訂二版〉	360 元
270	低調才是大智慧	360 元
272	主管必備的授權技巧	360 元
275	主管如何激勵部屬	360 元

276	輕鬆擁有幽默口才	360 元
277	各部門年度計劃工作（增訂二版）	360 元
278	面試主考官工作實務	360 元
279	總經理重點工作（增訂二版）	360 元
282	如何提高市場佔有率（增訂二版）	360 元
283	財務部流程規範化管理（增訂二版）	360 元
284	時間管理手冊	360 元
285	人事經理操作手冊（增訂二版）	360 元
286	贏得競爭優勢的模仿戰略	360 元
287	電話推銷培訓教材（增訂三版）	360 元
288	贏在細節管理（增訂二版）	360 元
289	企業識別系統 CIS（增訂二版）	360 元
290	部門主管手冊（增訂五版）	360 元
291	財務查帳技巧（增訂二版）	360 元
292	商業簡報技巧	360 元
293	業務員疑難雜症與對策（增訂二版）	360 元
294	內部控制規範手冊	360 元
295	哈佛領導力課程	360 元
296	如何診斷企業財務狀況	360 元
297	營業部轄區管理規範工具書	360 元
298	售後服務手冊	360 元
299	業績倍增的銷售技巧	400 元
300	行政部流程規範化管理（增訂二版）	400 元
301	如何撰寫商業計畫書	400 元
302	行銷部流程規範化管理（增訂二版）	400 元
303	人力資源部流程規範化管理（增訂四版）	420 元
304	生產部流程規範化管理（增訂二版）	400 元
305	績效考核手冊（增訂二版）	400 元
306	經銷商管理手冊（增訂四版）	420 元
307	招聘作業規範手冊	420 元

308	喬·吉拉德銷售智慧	400 元
309	商品鋪貨規範工具書	400 元
310	企業併購案例精華（增訂二版）	420 元
311	客戶抱怨手冊	400 元
312	如何撰寫職位說明書（增訂二版）	400 元
313	總務部門重點工作（增訂三版）	400 元
314	客戶拒絕就是銷售成功的開始	400 元
315	如何選人、育人、用人、留人、辭人	400 元
316	危機管理案例精華	400 元
317	節約的都是利潤	400 元
318	企業盈利模式	400 元
319	應收帳款的管理與催收	420 元
320	總經理手冊	420 元
321	新產品銷售一定成功	420 元
322	銷售獎勵辦法	420 元
323	財務主管工作手冊	420 元
324	降低人力成本	420 元

《商店叢書》

18	店員推銷技巧	360 元
30	特許連鎖業經營技巧	360 元
35	商店標準操作流程	360 元
36	商店導購口才專業培訓	360 元
37	速食店操作手冊〈增訂二版〉	360 元
38	網路商店創業手冊〈增訂二版〉	360 元
40	商店診斷實務	360 元
41	店鋪商品管理手冊	360 元
42	店員操作手冊（增訂三版）	360 元
44	店長如何提升業績〈增訂二版〉	360 元
45	向肯德基學習連鎖經營〈增訂二版〉	360 元
47	賣場如何經營會員制俱樂部	360 元
48	賣場銷量神奇交叉分析	360 元
49	商場促銷法寶	360 元
53	餐飲業工作規範	360 元

54	有效的店員銷售技巧	360元
55	如何開創連鎖體系〈增訂三版〉	360元
56	開一家穩賺不賠的網路商店	360元
57	連鎖業開店複製流程	360元
58	商鋪業績提升技巧	360元
59	店員工作規範（增訂二版）	400元
60	連鎖業加盟合約	400元
61	架設強大的連鎖總部	400元
62	餐飲業經營技巧	400元
63	連鎖店操作手冊（增訂五版）	420元
64	賣場管理督導手冊	420元
65	連鎖店督導師手冊（增訂二版）	420元
66	店長操作手冊（增訂六版）	420元
67	店長數據化管理技巧	420元
68	開店創業手冊〈增訂四版〉	420元
69	連鎖業商品開發與物流配送	420元
70	連鎖業加盟招商與培訓作法	420元
71	金牌店員內部培訓手冊	420元
72	如何撰寫連鎖業營運手冊〈增訂三版〉	

《工廠叢書》

15	工廠設備維護手冊	380元
16	品管圈活動指南	380元
17	品管圈推動實務	380元
20	如何推動提案制度	380元
24	六西格瑪管理手冊	380元
30	生產績效診斷與評估	380元
32	如何藉助IE提升業績	380元
38	目視管理操作技巧(增訂二版)	380元
46	降低生產成本	380元
47	物流配送績效管理	380元
51	透視流程改善技巧	380元
55	企業標準化的創建與推動	380元
56	精細化生產管理	380元
57	品質管制手法〈增訂二版〉	380元
58	如何改善生產績效〈增訂二版〉	380元
68	打造一流的生產作業廠區	380元

70	如何控制不良品〈增訂二版〉	380元
71	全面消除生產浪費	380元
72	現場工程改善應用手冊	380元
75	生產計劃的規劃與執行	380元
77	確保新產品開發成功（增訂四版）	380元
79	6S管理運作技巧	380元
80	工廠管理標準作業流程〈增訂二版〉	380元
83	品管部經理操作規範〈增訂二版〉	380元
84	供應商管理手冊	380元
85	採購管理工作細則〈增訂二版〉	380元
87	物料管理控制實務〈增訂二版〉	380元
88	豐田現場管理技巧	380元
89	生產現場管理實戰案例〈增訂三版〉	380元
90	如何推動5S管理（增訂五版）	420元
92	生產主管操作手冊(增訂五版)	420元
93	機器設備維護管理工具書	420元
94	如何解決工廠問題	420元
95	採購談判與議價技巧〈增訂二版〉	420元
96	生產訂單運作方式與變更管理	420元
97	商品管理流程控制(增訂四版)	420元
98	採購管理實務〈增訂六版〉	420元
99	如何管理倉庫〈增訂八版〉	420元
100	部門績效考核的量化管理（增訂六版）	420元
101	如何預防採購舞弊	420元
102	生產主管工作技巧	420元

《醫學保健叢書》

1	9週加強免疫能力	320元
3	如何克服失眠	320元
4	美麗肌膚有妙方	320元
5	減肥瘦身一定成功	360元
6	輕鬆懷孕手冊	360元
7	育兒保健手冊	360元

8	輕鬆坐月子	360 元
11	排毒養生方法	360 元
13	排除體內毒素	360 元
14	排除便秘困擾	360 元
15	維生素保健全書	360 元
16	腎臟病患者的治療與保健	360 元
17	肝病患者的治療與保健	360 元
18	糖尿病患者的治療與保健	360 元
19	高血壓患者的治療與保健	360 元
22	給老爸老媽的保健全書	360 元
23	如何降低高血壓	360 元
24	如何治療糖尿病	360 元
25	如何降低膽固醇	360 元
26	人體器官使用說明書	360 元
27	這樣喝水最健康	360 元
28	輕鬆排毒方法	360 元
29	中醫養生手冊	360 元
30	孕婦手冊	360 元
31	育兒手冊	360 元
32	幾千年的中醫養生方法	360 元
34	糖尿病治療全書	360 元
35	活到 120 歲的飲食方法	360 元
36	7 天克服便秘	360 元
37	為長壽做準備	360 元
39	拒絕三高有方法	360 元
40	一定要懷孕	360 元
41	提高免疫力可抵抗癌症	360 元
42	生男生女有技巧〈增訂三版〉	360 元

《培訓叢書》

11	培訓師的現場培訓技巧	360 元
12	培訓師的演講技巧	360 元
15	戶外培訓活動實施技巧	360 元
17	針對部門主管的培訓遊戲	360 元
21	培訓部門經理操作手冊（增訂三版）	360 元
23	培訓部門流程規範化管理	360 元
24	領導技巧培訓遊戲	360 元
26	提升服務品質培訓遊戲	360 元
27	執行能力培訓遊戲	360 元
28	企業如何培訓內部講師	360 元

29	培訓師手冊（增訂五版）	420 元
30	團隊合作培訓遊戲（增訂三版）	420 元
31	激勵員工培訓遊戲	420 元
32	企業培訓活動的破冰遊戲（增訂二版）	420 元
33	解決問題能力培訓遊戲	420 元
34	情商管理培訓遊戲	420 元
35	企業培訓遊戲大全(增訂四版)	420 元
36	銷售部門培訓遊戲綜合本	420 元

《傳銷叢書》

4	傳銷致富	360 元
5	傳銷培訓課程	360 元
10	頂尖傳銷術	360 元
12	現在輪到你成功	350 元
13	鑽石傳銷商培訓手冊	350 元
14	傳銷皇帝的激勵技巧	360 元
15	傳銷皇帝的溝通技巧	360 元
19	傳銷分享會運作範例	360 元
20	傳銷成功技巧（增訂五版）	400 元
21	傳銷領袖（增訂二版）	400 元
22	傳銷話術	400 元
23	如何傳銷邀約	400 元

《幼兒培育叢書》

1	如何培育傑出子女	360 元
2	培育財富子女	360 元
3	如何激發孩子的學習潛能	360 元
4	鼓勵孩子	360 元
5	別溺愛孩子	360 元
6	孩子考第一名	360 元
7	父母要如何與孩子溝通	360 元
8	父母要如何培養孩子的好習慣	360 元
9	父母要如何激發孩子學習潛能	360 元
10	如何讓孩子變得堅強自信	360 元

《成功叢書》

1	猶太富翁經商智慧	360 元
2	致富鑽石法則	360 元
3	發現財富密碼	360 元

《企業傳記叢書》

1	零售巨人沃爾瑪	360 元
2	大型企業失敗啟示錄	360 元

------→ 各書詳細內容資料，請見：www.bookstore99.com------------→

3	企業併購始祖洛克菲勒	360 元
4	透視戴爾經營技巧	360 元
5	亞馬遜網路書店傳奇	360 元
6	動物智慧的企業競爭啟示	320 元
7	CEO 拯救企業	360 元
8	世界首富　宜家王國	360 元
9	航空巨人波音傳奇	360 元
10	傳媒併購大亨	360 元

《智慧叢書》

1	禪的智慧	360 元
2	生活禪	360 元
3	易經的智慧	360 元
4	禪的管理大智慧	360 元
5	改變命運的人生智慧	360 元
6	如何吸取中庸智慧	360 元
7	如何吸取老子智慧	360 元
8	如何吸取易經智慧	360 元
9	經濟大崩潰	360 元
10	有趣的生活經濟學	360 元
11	低調才是大智慧	360 元

《DIY 叢書》

1	居家節約竅門 DIY	360 元
2	愛護汽車 DIY	360 元
3	現代居家風水 DIY	360 元
4	居家收納整理 DIY	360 元
5	廚房竅門 DIY	360 元
6	家庭裝修 DIY	360 元
7	省油大作戰	360 元

《財務管理叢書》

1	如何編制部門年度預算	360 元
2	財務查帳技巧	360 元
3	財務經理手冊	360 元
4	財務診斷技巧	360 元
5	內部控制實務	360 元
6	財務管理制度化	360 元
8	財務部流程規範化管理	360 元
9	如何推動利潤中心制度	360 元

為方便讀者選購，本公司將一部分上述圖書又加以專門分類如下：

《主管叢書》

1	部門主管手冊（增訂五版）	360 元
2	總經理手冊	420 元
4	生產主管操作手冊（增訂五版）	420 元
5	店長操作手冊（增訂六版）	420 元
6	財務經理手冊	360 元
7	人事經理操作手冊	360 元
8	行銷總監工作指引	360 元
9	行銷總監實戰案例	360 元

《總經理叢書》

1	總經理如何經營公司(增訂二版)	360 元
2	總經理如何管理公司	360 元
3	總經理如何領導成功團隊	360 元
4	總經理如何熟悉財務控制	360 元
5	總經理如何靈活調動資金	360 元
6	總經理手冊	420 元

《人事管理叢書》

1	人事經理操作手冊	360 元
2	員工招聘操作手冊	360 元
3	員工招聘性向測試方法	360 元
5	總務部門重點工作（增訂三版）	400 元
6	如何識別人才	360 元
7	如何處理員工離職問題	360 元
8	人力資源部流程規範化管理（增訂四版）	420 元
9	面試主考官工作實務	360 元
10	主管如何激勵部屬	360 元
11	主管必備的授權技巧	360 元
12	部門主管手冊（增訂五版）	360 元

《理財叢書》

1	巴菲特股票投資忠告	360 元
2	受益一生的投資理財	360 元
3	終身理財計劃	360 元
4	如何投資黃金	360 元
5	巴菲特投資必贏技巧	360 元
6	投資基金賺錢方法	360 元
7	索羅斯的基金投資必贏忠告	360 元

8	巴菲特為何投資比亞迪	360 元

《網路行銷叢書》

1	網路商店創業手冊〈增訂二版〉	360 元
2	網路商店管理手冊	360 元
3	網路行銷技巧	360 元
4	商業網站成功密碼	360 元
5	電子郵件成功技巧	360 元

6	搜索引擎行銷	360 元

《企業計劃叢書》

1	企業經營計劃〈增訂二版〉	360 元
2	各部門年度計劃工作	360 元
3	各部門編制預算工作	360 元
4	經營分析	360 元
5	企業戰略執行手冊	360 元

請保留此圖書目錄:

　　　　未來在長遠的工作上,此圖書目錄

可能會對您有幫助!!

使用培訓、提升企業競爭力是萬無一失、事半功倍的方法。其效果更具有超大的「投資報酬力」！

最 暢 銷 的 工 廠 叢 書

名稱	特價	名稱	特價
5 品質管理標準流程	380 元	50 品管部經理操作規範	380 元
9 ISO 9000 管理實戰案例	380 元	51 透視流程改善技巧	380 元
10 生產管理制度化	360 元	55 企業標準化的創建與推動	380 元
11 ISO 認證必備手冊	380 元	56 精細化生產管理	380 元
12 生產設備管理	380 元	57 品質管制手法〈增訂二版〉	380 元
13 品管員操作手冊	380 元	58 如何改善生產績效〈增訂二版〉	380 元
15 工廠設備維護手冊	380 元	60 工廠管理標準作業流程	380 元
16 品管圈活動指南	380 元	62 採購管理工作細則	380 元
17 品管圈推動實務	380 元	63 生產主管操作手冊（增訂四版）	380 元
20 如何推動提案制度	380 元	64 生產現場管理實戰案例〈增訂二版〉	380 元
24 六西格瑪管理手冊	380 元	65 如何推動 5S 管理（增訂四版）	380 元
30 生產績效診斷與評估	380 元	67 生產訂單管理步驟〈增訂二版〉	380 元
32 如何藉助 IE 提升業績	380 元	68 打造一流的生產作業廠區	380 元
35 目視管理案例大全	380 元	70 如何控制不良品〈增訂二版〉	380 元
38 目視管理操作技巧（增訂二版）	380 元	71 全面消除生產浪費	380 元
40 商品管理流程控制（增訂二版）	380 元	72 現場工程改善應用手冊	380 元
42 物料管理控制實務	380 元	73 部門績效考核的量化管理（增訂四版）	380 元
46 降低生產成本	380 元	74 採購管理實務〈增訂四版〉	380 元
47 物流配送績效管理	380 元	75 生產計劃的規劃與執行	380 元
49 6S 管理必備手冊	380 元	76 如何管理倉庫（增訂六版）	380 元

上述各書均有在書店陳列販賣，若書店賣完而來不及由庫存書補充上架，請讀者

直接向店員詢問、購買，最快速、方便！購買方法如下：

銀行名稱：合作金庫銀行 敦南分行(代碼：006)

帳號：5034-717-347-447

公司名稱：憲業企管顧問有限公司

郵局劃撥帳號：18410591

使用培訓、提升企業競爭力是萬無一失、事半功倍的方法。其效果更具有超大的「投資報酬力」！

好消息

最 暢 銷 的 商 店 叢 書

名稱	特價	名稱	特價
4 餐飲業操作手冊	390 元	35 商店標準操作流程	360 元
5 店員販賣技巧	360 元	36 商店導購口才專業培訓	360 元
10 賣場管理	360 元	37 速食店操作手冊〈增訂二版〉	360 元
12 餐飲業標準化手冊	360 元	38 網路商店創業手冊〈增訂二版〉	360 元
13 服飾店經營技巧	360 元	39 店長操作手冊（增訂四版）	360 元
18 店員推銷技巧	360 元	40 商店診斷實務	360 元
19 小本開店術	360 元	41 店鋪商品管理手冊	360 元
20 365 天賣場節慶促銷	360 元	42 店員操作手冊（增訂三版）	360 元
29 店員工作規範	360 元	43 如何撰寫連鎖業營運手冊〈增訂二版〉	360 元
30 特許連鎖業經營技巧	360 元	44 店長如何提升業績〈增訂二版〉	360 元
32 連鎖店操作手冊（增訂三版）	360 元	45 向肯德基學習連鎖經營〈增訂二版〉	360 元
33 開店創業手冊〈增訂二版〉	360 元	46 連鎖店督導師手冊	360 元
34 如何開創連鎖體系〈增訂二版〉	360 元	47 賣場如何經營會員制俱樂部	360 元

上述各書均有在書店陳列販賣，若書店賣完而來不及由庫存書補充上架，請讀者直接向店員詢問、購買，最快速、方便！**購買方法如下：**

銀行名稱：合作金庫銀行　敦南分行（代碼：006）

帳號：5034-717-347-447

公司名稱：憲業企管顧問有限公司

郵局劃撥帳號：18410591

在海外出差的………
臺灣上班族

愈來愈多的台灣上班族，到海外工作(或海外出差)，對工作的努力與敬業，是台灣上班族的核心競爭力；一個明顯的例子，返台休假期間，台灣上班族都會抽空再買書，設法充實自身專業能力。

[憲業企管顧問公司]以專業立場，為企業界提供專業咨詢，並提供最專業的各種經營管理類圖書。

85%的台灣上班族都曾經有過購買(或閱讀)[憲業企管顧問公司]所出版的各種企管圖書。

建議你：工作之餘要多看書，加強競爭力。

建立企業圖書館

當市場競爭激烈時：

培訓員工，強化員工競爭力
是企業最佳對策

　　「人才」是企業最大的財富。如何提升人才，是企業永續經營、戰勝對手的核心競爭力。積極培訓公司內部員工，是經濟不景氣時期的最佳戰略，而最快速的具體作法，就是「建立企業內部圖書館，鼓勵員工多閱讀、多進修專業書籍」

　　建議您：請一次購足本公司所出版各種經營管理類圖書，作為貴公司內部員工培訓圖書。使用率高的（例如「贏在細節管理」），準備 3 本；使用率低的（例如「工廠設備維護手冊」），只買 1 本。

商店叢書 (72)　　售價：420 元

如何撰寫連鎖業營運手冊（增訂三版）

西元二〇一七年五月	增訂三版一刷
西元二〇一一年六月	增訂二版二刷
西元二〇〇八年一月	增訂二版一刷
西元二〇〇四年四月	初版一刷

編著：黃憲仁　吳宇軒　任賢旺

策劃：麥可國際出版有限公司（新加坡）

編輯：蕭玲

校對：劉飛娟

發行人：黃憲仁

發行所：憲業企管顧問有限公司

電話：(02) 2762-2241　(03) 9310960　0930872873

電子郵件聯絡信箱：huang2838@yahoo.com.tw

銀行 ATM 轉帳：合作金庫銀行　帳號：5034-717-347447

郵政劃撥：18410591　憲業企管顧問有限公司

江祖平律師顧問：紙品書、數位書著作權與版權均歸本公司所有

登記證：行政業新聞局版台業字第 6380 號

本公司徵求海外版權出版代理商（0930872873）

本圖書是由憲業企管顧問（集團）公司所出版，以專業立場，為企業界提供最專業的各種經營管理類圖書。

圖書編號 ISBN：978-986-369-057-3